Qlik Sense

Desktop

Conceitos Básicos

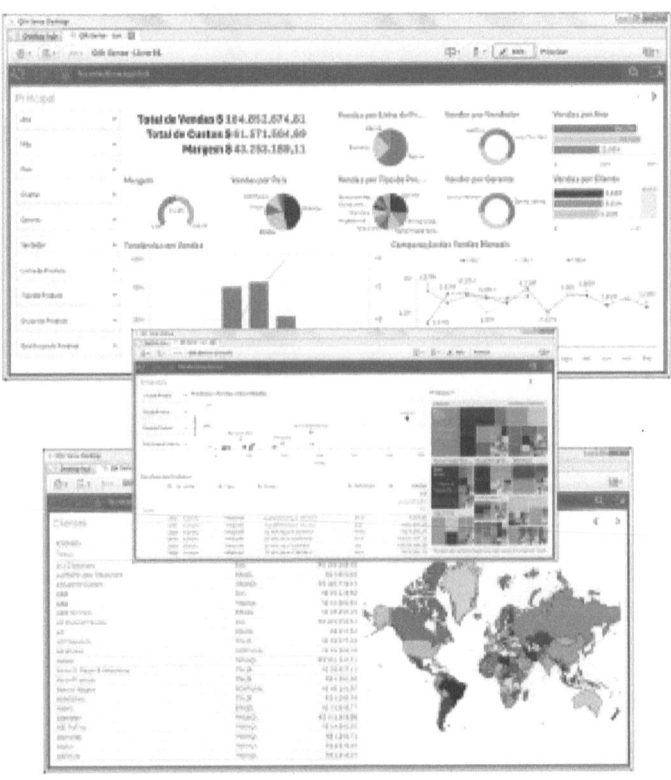

Andrey Rodrigues de Freitas

Qlik Sense Desktop

Conceitos Básicos

Andrey Rodrigues de Freitas

Autor: Andrey Rodrigues de Freitas

Título do Livro: Qlik Sense Desktop – Conceitos Básicos

Ano de Publicação: 2014

Edição: 1º Edição

Dedicatória

Dedico este livro à minha esposa Simone
e aos meus filhos Rodrigo e Rafael.

Este livro é também dedicado à minha mãe Neide,
à minha avó Arminda (in memorian),
e ao meu avô Salvador (in memorian),
que me educaram para a vida e sempre acreditaram em mim.

Sumário

Sobre o Livro..13

CAPÍTULO 1...15

INTRODUÇÃO...15

A História..15

   O que é o Qlik Sense?...16

   O que é o Qlik Sense Desktop?...................................16

   Requisitos de Sistema..17

   Download do Qlik Sense Desktop................................17

   Instalando o Qlik Sense Desktop.................................19

   Arquivos de Instalação do Qlik Sense Desktop...........21

   Porta de Comunicação do Qlik Sense Desktop...........22

   Desinstalando o Qlik Sense Desktop...........................22

   Download da Base de Dados de Exemplo.....................22

CAPÍTULO 2...23

CONCEITOS BÁSICOS...23

Introdução...23

   Como o Qlik Sense Desktop funciona?.......................24

   Afinal, o que é um App Qlik Sense?.............................25

   Conhecendo a tela Desktop Hub.................................27

   Conhecendo a tela App Overview................................28

   Conhecendo a tela Sheet (Dashboard).......................29

   Visualizações...30

   Tipos de Gráficos do Qlik Sense Desktop...................30

      O Gráfico Treemap..30

O Gráfico de Barras (Bar Chart) 31

O Gráfico de Linhas (Line Chart) 32

O Gráfico Combinado (Combo Chart) 32

O Gráfico de Pizza / Torta (Pie Chart) 33

O Gráfico de Dispersão (Scatter Plot) 34

O Gráfico de Mostrador (Gauge) 34

O Gráfico de Mapa (Map) 35

A Tabela (Table) 36

O Gráfico de Texto e Imagem (Text & Image) 36

O Modelo de Seleção Associativo 37

CAPÍTULO 3 ....**39**

O SEGREDO **39**

Introdução **39**

Desenvolvendo Apps no Qlik Sense Desktop 40

Criando um Novo App 40

A Carga de Dados 42

Carregando o Arquivo de Vendas 43

Visualizando o Script de Carga de Dados de Vendas 47

Carregando para o App os Dados das Vendas 47

Visualizando o Modelo de Dados do App 48

Adicionando ao App o Arquivo de Produtos 49

Carregando para o App os Dados dos Produtos 53

Visualizando o Novo Modelo de Dados do App 53

Adicionando ao App o Arquivo de Países 54

Carregando para o App os Dados dos Países 58

Visualizando o Novo Modelo de Dados do App 59

Adicionando ao App o Arquivo de Vendedores 60

Visualizando o Script de Carga de Dados de Vendedores .63

Carregando para o App os Dados dos Vendedores 64

Visualizando o Novo Modelo de Dados do App 65

Adicionando ao App o Arquivo de Clientes 67

Visualizando o Script de Carga de Dados de Clientes 69

Carregando para o App os Dados dos Clientes 71

Visualizando o Novo Modelo de Dados do App 71

Melhorando ainda mais o Modelo de Dados 72

Adicionando ao App os Arquivos Auxiliares 76

CAPÍTULO 4 .... **81**

A MÁGICA **81**

Introdução **81**

Criando os Dashboards (Sheets) 82

O Dashboard Principal 83

Criando as Visualizações 84

Criando o Gráfico de Pizza: Vendas por País 92

Configurando o Gráfico: Vendas por País 95

Criando o Gráfico de Pizza: Vendas por Linha de Produto 97

Configurando o Gráfico: Vendas por Linha de Produto 98

Criando o Gráfico de Pizza: Vendas por Tipo de Produto .. 99

Configurando o Gráfico: Vendas por Tipo de Produto 100

Criando o Gráfico de Pizza: Vendas por Vendedor 101

Configurando o Gráfico: Vendas por Vendedor 102

Criando o Gráfico de Pizza: Vendas por Gerente 104

Configurando o Gráfico: Vendas por Gerente 104

Criando o Gráfico de Barras: Vendas por Ano 105

Configurando o Gráfico: Vendas por Ano 106

Criando o Gráfico de Barras: Vendas por Cliente 107

Configurando o Gráfico: Vendas por Cliente 108

Criando o Gráfico de Mostrador: Margem 109

Criando o Gráfico de Texto e Imagem 112

Criando o Gráfico Combinado: Tendências em Vendas ..114

Criando o Gráfico de Linhas: Comparação das Vendas
Mensais 118

O Dashboard Clientes 121

Criando o Mapa Mundi 121

Criando a Tabela: Clientes 123

O Dashboard Produtos 127

Adicionando o Painel de Filtros 127

Criando o Gráfico Treemap: Produtos 128

Criando o Gráfico de Dispersão: Produtos x Vendas x
Quantidades 132

Criando a Tabela: Detalhes dos Produtos 135

CAPÍTULO 5 .... **139**

CONTANDO HISTÓRIA **139**

Introdução **139**

Capturando as Imagens 140

Criando a História 141

Apêndice I - Tipos de Dados **147**

Como funcionam os dados de Data e Hora no Qlik Sense? 147

Andrey, não entendi! Pode explicar de novo? 148

Apêndice II - Variáveis de Interpretação Numérica **150**

Quando alterar as Variáveis de Interpretação Numérica? ...150

ThousandSep 150

DecimalSep 151

MoneyThousandSep 151

MoneyDecimalSep 152

MoneyFormat 152

TimeFormat 152

DateFormat 153

TimestampFormat 153

MonthNames 153

DayNames 154

LongMonthNames 154

LongDayNames 155

FirstWeekDay 155

BrokenWeeks 156

ReferenceDay 156

FirstMonthOfYear 156

Apêndice III – Rodar um App Qlik Sense em um Navegador Web **157**

Apêndice IV – Site Guia Técnico **158**

Apêndice V - DataView Magazine **159**

Sobre o Livro

O livro **Qlik Sense Desktop – Conceitos Básicos** foi escrito para que você em poucos minutos entenda o funcionamento da ferramenta Qlik Sense Desktop e através de passos simples e rápidos aprenda a utilizá-lo.

Separei o livro em cinco capítulos:

Capítulo 1: Uma rápida introdução ao Qlik Sense, requisitos mínimos de sistema, instalação do Qlik Sense Desktop e o download da base de dados de exemplo.

Capítulo 2: Neste capítulo você entenderá como funciona o Qlik Sense Desktop, conhecerá as principais telas da ferramenta, aprenderá o que é uma visualização e quais os tipos de gráficos disponíveis no Qlik Sense Desktop.

Capítulo 3: No capítulo três você descobrirá e aprenderá o segredo que existe por trás de um app Qlik Sense: as cargas de dados, a transformação dos dados e o modelo de dados.

Capítulo 4: No capítulo quatro é onde a mágica acontece. Neste capítulo você aprenderá a criar dashboards, gráficos, expressões, medidas, tabelas, filtros reutilizáveis e o interessante gráfico Map.

Capítulo 5: Aqui você aprenderá a criar e a usar a nova função Storytelling. Através de capturas de imagens de determinadas visualizações você poderá realizar apresentações, ou contar uma história, de um determinado produto ou cliente sem precisar sair do Qlik Sense Desktop.

Boa leitura.

Andrey Rodrigues de Freitas

CAPÍTULO 1

INTRODUÇÃO

A História

Em 1993, Björn Berg e Staffan Gestrelius fundaram na Suécia a empresa QlikTech. Eles desenvolveram uma ferramenta chamada QuikView (o Quik significava Quality, Understanding, Interaction e Knowledge) que acessava aplicações de banco de dados e exibia os seus dados associativamente. Em 1996 a ferramenta foi renomeada para QlikView.

Em julho de 2014 é lançada uma nova ferramenta chamada Qlik Sense Desktop, dando maior poder de análise ao usuário final.

Hoje a QlikTech possui mais de 33.000 clientes em mais de 100 países.

O que é o Qlik Sense?

Qlik Sense é uma plataforma para análise de dados.

Ao invés de gerenciar e implantar grandes projetos de Business Intelligence você poderá criar os seus próprios aplicativos e análises no Qlik Sense, sem depender do departamento de TI.

Com o Qlik Sense é possível tomar decisões de forma colaborativa em qualquer dispositivo, sendo ideal para grupos e departamentos.

O que é o Qlik Sense Desktop?

Parte da família de produtos Qlik Sense, o Qlik Sense Desktop é um software de análise que oferece ao usuário a possibilidade de criar visualizações de dados interativos e personalizados, e de desenvolver Dashboards* a partir de múltiplas fontes de dados e com muita facilidade.

O Qlik Sense Desktop (Figura 1.1) é gratuito para o uso pessoal e comercial, se integra com várias fontes de dados, é fácil de usar e é um aplicativo para a plataforma Windows.

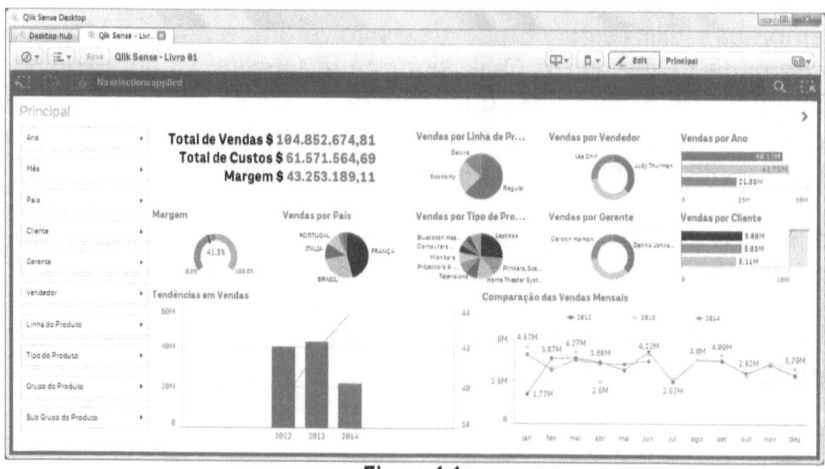

Figura 1.1

* **Dashboard** é a apresentação visual das informações mais importantes consolidadas em uma tela.

16

Requisitos de Sistema

Para que você possa instalar e executar o Qlik Sense Desktop com sucesso, verifique os requisitos abaixo:

Sistema Operacional
- Microsoft Windows 7
- Microsoft Windows 8
- Microsoft Windows 8.1

Processador
- Intel Core 2 Duo ou superior (recomendado)

Memória *
- Mínimo de 4 GB

Espaço em disco
- 500 MB

Suporte a Navegadores	Microsoft Internet Explorer v.10 ou superior	Google Chrome v.24 ou superior	Mozilla Firefox v.18 ou superior
Microsoft Windows 7	✓	✓	✓
Microsoft Windows 8 (exceto os tablets)	✓	✓	

Tabela 1.1

* O Qlik Sense é uma tecnologia de análise em memória, portanto a quantidade de memória do computador está diretamente relacionada com a quantidade de dados analisados.

ATENÇÃO: A resolução mínima da tela para desktops, notebooks e tablets deve ser 1024 x 768.

Download do Qlik Sense Desktop

Para realizar os exercícios do livro você precisará ter o Qlik Sense Desktop instalado em seu computador, se ainda não o instalou acesse o site **www.qlik.com** e faça o download seguindo as instruções a seguir:

1. Clique no botão **FREE DOWNLOADS** que se encontra na parte superior do site, conforme mostra a Figura 1.2.

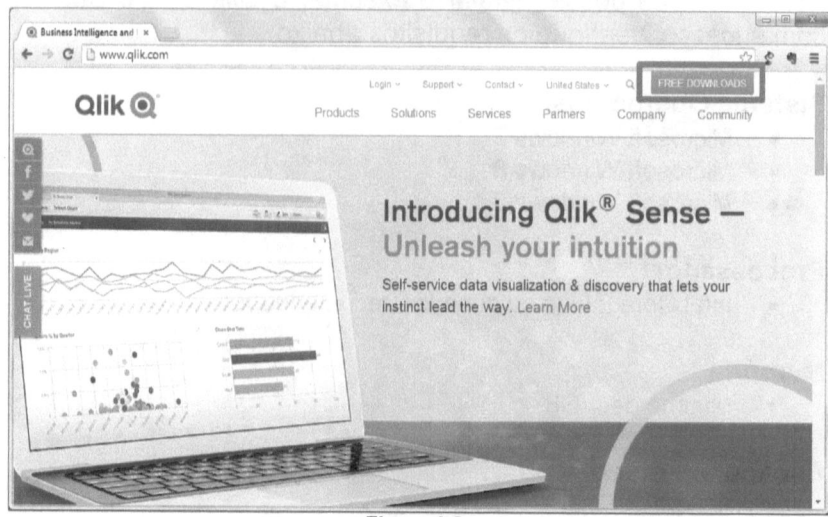

Figura 1.2

2. Escolha a opção Qlik Sense Desktop, observe a Figura 1.3.

Figura 1.3

3. Preencha o formulário (Figura 1.4), selecione o checkbox do termo de licenciamento e clique no botão **Download Now**.

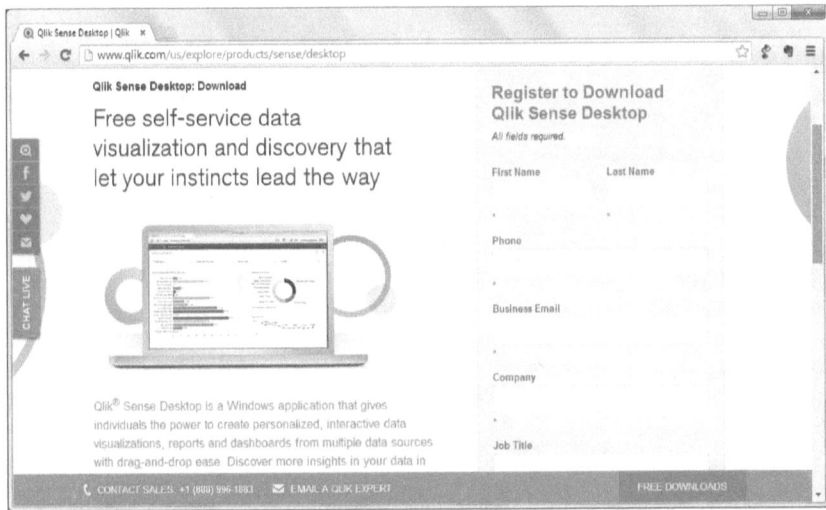

Figura 1.4

Dentro de alguns instantes iniciará o download do arquivo executável do Qlik Sense: Atualmente o arquivo tem o nome de *Qlik_Sense_Desktop_setup.exe* e 122 MB de tamanho.

Instalando o Qlik Sense Desktop

Depois de realizado o download do instalador *Qlik_Sense_Desktop_setup.exe*, execute-o.

A primeira tela será semelhante à Figura 1.5. Clique em **INSTALL** para iniciar o processo de instalação do Qlik Sense Desktop em seu computador.

Na tela **License agreement**, observe a Figura 1.6, selecione o checkbox **I accept the license agreement** e clique no botão **Next**.

Na tela **Ready to Install** clique no botão **Install**, Figura 1.7.

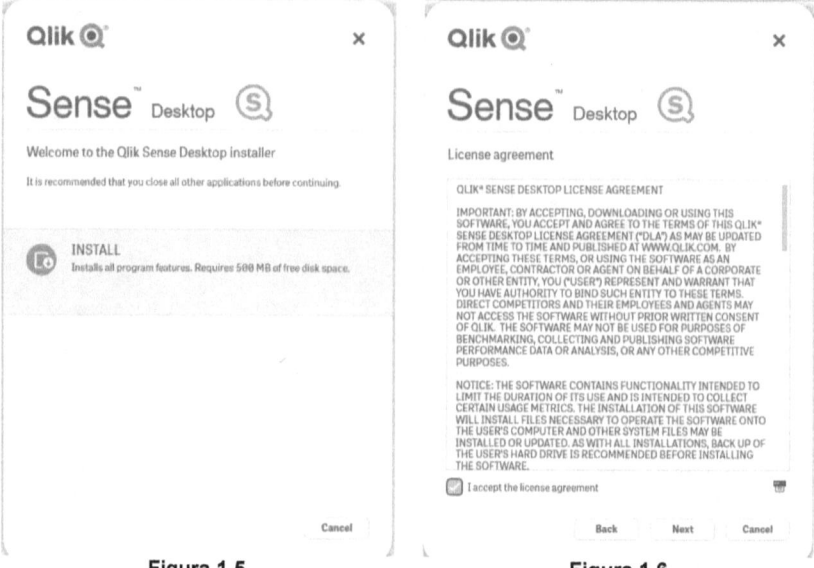

Figura 1.5   Figura 1.6

Em seguida o Qlik Sense começa a ser instalado em seu computador, conforme mostra a Figura 1.8. Os apps de exemplos também são instalados neste momento, observe a Figura 1.9.

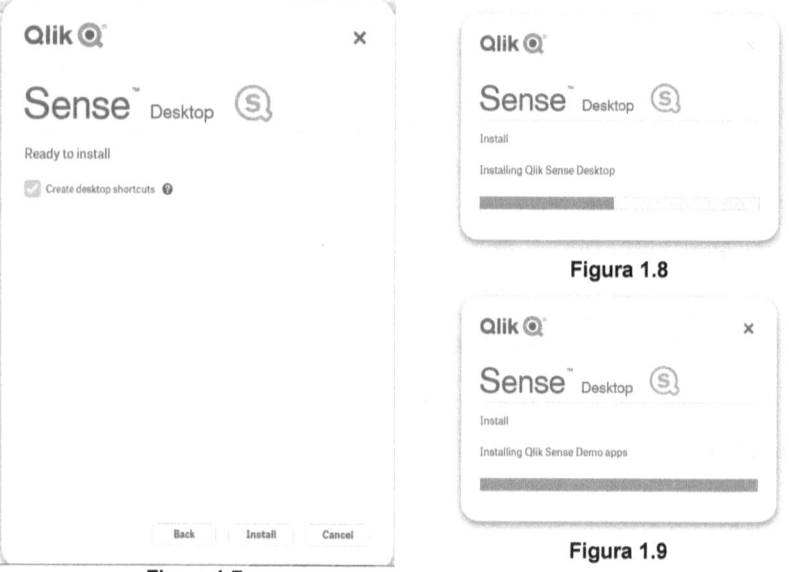

Figura 1.8

Figura 1.9

Figura 1.7

Após a instalação do Qlik Sense Desktop aparecerá a tela informando que a instalação foi realizada com sucesso, clique no botão **Finish**, Figura 1.10.

Figura 1.10

Arquivos de Instalação do Qlik Sense Desktop

Os arquivos de instalação do Qlik Sense Desktop podem ser encontrados em:

<Drive:>Users\<user>\AppData\Local\Programs\Qlik\Sense

Durante a instalação do Qlik Sense Desktop também são instalados alguns apps de exemplos. Estes aplicativos de exemplos ficam em:

<Drive:>Users\<user>\Documents\Qlik\Sense\Apps

ATENÇÃO: Os apps criados por você também ficarão armazenados no local acima.

Os arquivos de log do Qlik Sense e dos apps podem ser localizados em:

<Drive:>Users\<user>\Documents\Qlik\Sense\ Log.

21

Porta de Comunicação do Qlik Sense Desktop

Por padrão o Qlik Sense Desktop usa a porta 4848, verifique se o seu antivírus ou firewall não está bloqueando esta porta.

Desinstalando o Qlik Sense Desktop

O Qlik Sense Desktop por ser uma aplicação Windows segue o mesmo princípio de desinstalação de qualquer outra aplicação.

Vá ao **Painel de Controle** do seu Microsoft Windows e clique em **Desinstalar um programa**, escolha o item **Qlik Sense Desktop** e depois clique no botão **Desinstalar**.

Download da Base de Dados de Exemplo

Caso ainda não tenha feito o download da base de dados que utilizará durante todo o livro, acesse o link abaixo e realize o download do arquivo.

http://www.guiatecnico.com.br/livro/Livro01-QlikSense.rar

O arquivo **Livro 01 - Qlik Sense.rar** possui 8.34 MB. Após realizar o download do arquivo com as bases de dados de exemplos crie um diretório chamado **Livro 01 – Qlik Sense** em seu drive C, após criar o diretório descompacte o arquivo dentro dele. Este processo é mandatório para que você possa acompanhar os exemplos do livro.

CAPÍTULO 2

CONCEITOS BÁSICOS

Introdução

O Qlik Sense é uma plataforma usada para extrair e apresentar dados, possuindo uma interface fácil e intuitiva, sendo o seu principal recurso a seleção de dados. Quando você realiza uma seleção, imediatamente toda a aplicação filtra os dados e apresenta todas as suas associações.

Nesta parte do livro você irá:

- Entender como o Qlik Sense funciona;
- Aprender o que é um aplicativo, também conhecido como app;
- Identificar os tipos de gráficos do Qlik Sense;
- Compreender o que é uma seleção associativa e os seus estados.

Como o Qlik Sense Desktop funciona?

O Qlik Sense é uma plataforma de análise visual que utiliza uma tecnologia patenteada de associação em memória. Esta tecnologia associativa permite criar uma interface única simplificando radicalmente o uso e a manutenção das consultas e análises.

O Qlik Sense Desktop permite a qualquer usuário acessar e analisar dados de qualquer fonte, tais como: arquivos de texto, arquivos do Excel, Access, XML, Arquivos Web e conexões ODBC e OLEDB. Os dados dispersos entre as várias fontes se transformam em informação e métrica dentro do Qlik Sense.

Depois que o Qlik Sense Desktop carrega os dados em memória é possível:

- Criar Painéis Operacionais (Dashboards) com os dados de sua empresa;

- Criar gráficos poderosos que auxiliem na tomada de decisão comercial;

- Construir o seu próprio sistema de análise sem depender do departamento de TI ou de um analista de sistemas ou negócios;

- Explorar a associação entre os dados e descobrir tendências que podem impulsionar as decisões financeiras;

- Executar análises após consolidar os dados de várias fontes;

- Acessar o mesmo Dashboard em diferentes dispositivos.

É possível criar aplicações para a área financeira, RH, TI, pesquisa e desenvolvimento, operações, vendas, marketing, atendimento, etc.

A seguir um App criado no Qlik Sense Desktop.

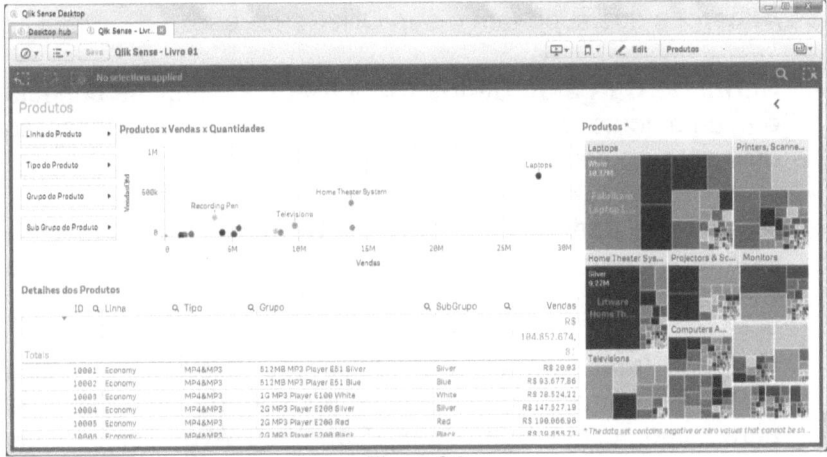

Figura 2.1

Afinal, o que é um App Qlik Sense?

Um app é composto de elementos reutilizáveis (dados, dimensões, medições, visualizações, etc.) e sheets (que neste livro chamarei de Dashboards), resumindo, um app é um aplicativo do Qlik Sense. Observe na Figura 2.2 a estrutura de um app.

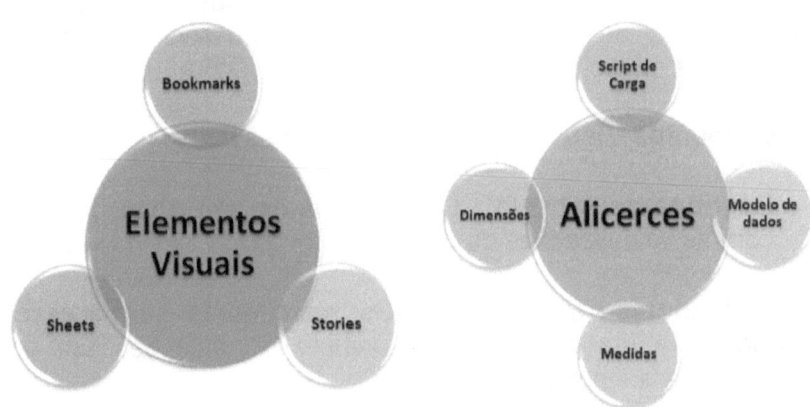

Figura 2.2

Os **Alicerces** que suportam o app Qlik Sense são:

- **Script de Carga de Dados (data load):** O script se conecta em uma fonte de dados e recupera os dados que serão utilizados no app.

- **Modelo de dados (data model):** Os dados carregados se estruturam em um modelo de dados. Utilizamos o Script de Carga de Dados para carregar os dados para o app.

- **Medidas (measures):** As medidas são cálculos, criadas a partir de uma expressão composta de funções de agregação, como Sum, Max, Count ou Avg, combinadas com um ou vários campos e utilizadas em visualizações. Por exemplo: Sum(vendas).

- **Dimensões (dimensions):** As dimensões determinam como os dados serão agrupados em uma visualização. Geralmente se refere a tempo, lugar ou categoria. Por exemplo: total de vendas por país ou o número de produtos por categoria.

ATENÇÃO: Há também a **Expressão (expression)** que é uma combinação de campos, operadores, variáveis, funções, números e símbolos matemáticos combinados segundo uma sintaxe para se calcular um valor. É possível utilizar as expressões em scripts e visualizações.

Os **Elementos Visuais** do app Qlik Sense são:

- **Dashboards (sheets):** Os dashboards são abas ou telas com as visualizações de dados.

- **Marcadores (bookmarks):** Os marcadores são acessos diretos a um determinado conjunto de seleções em um dashboard em particular.

- **Histórias (stories):** As histórias são capturas de visualizações, em outras palavras, são apresentações utilizando os dados e os gráficos do app.

É possível reutilizar o script de carga de dados e o modelo de dados de um documento QlikView para criar um app Qlik Sense, porém as visualizações, as dimensões e as medições devem ser criadas novamente no Qlik Sense. A extensão do arquivo app do Qlik Sense é o **.qvf**.

Conhecendo a tela Desktop Hub

Ao abrir o Qlik Sense Desktop a primeira tela que você visualizará será o **Desktop hub**. O Desktop hub é onde estão todos os seus aplicativos Qlik Sense.

A tela **Desktop hub** (Figura 2.3) contém as seguintes opções:

1. **Barra de Ferramentas:** Na barra de ferramentas há o Menu (com os subitens Help e About) e os botões Qlik Cloud e Search.

2. **Cabeçalho:** No cabeçalho há os botões para se criar novos apps (Create new app), ordenar os apps alfabeticamente (Sort direction) e alternar as visualizações dos apps (Grid view e List view).

3. **Área Central:** Todos os apps ficam na área central.

4. Um app aberto em uma outra janela.

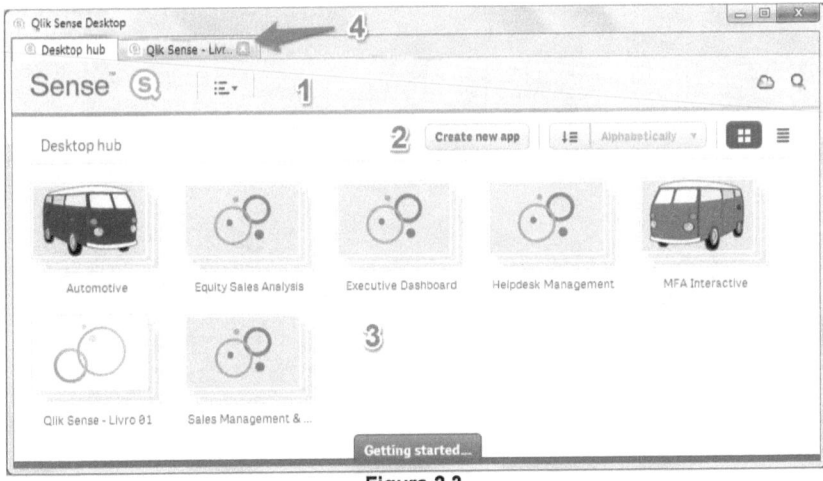

Figura 2.3

Conhecendo a tela App Overview

Para abrir um aplicativo clique em algum app da tela **Desktop hub** que o aplicativo será aberto. Por padrão a primeira tela a ser aberta do app será a **App overview**.

A tela **App overview** (Figura 2.4) contém as seguintes opções:

1. **Barra de Ferramentas:** Na barra de ferramentas há o menu Navigation (com os subitens Data load editor, Data model viewer e Open hub), o Menu (com os subitens Quick data load, Help e About) e o botão Save.

2. **Cabeçalho Sheets:** No cabeçalho há o botão para se criar novos Dashboards (Create new sheet) e alternar as visualizações dos sheets (Grid view e List view).

3. **Opções:** Será através das opções que você terá acesso aos Dashboards (Show sheets), marcadores (Show bookmarks) e histórias (Show stories).

4. **Área Central:** Todos os sheets, bookmarks e stories ficam na área central.

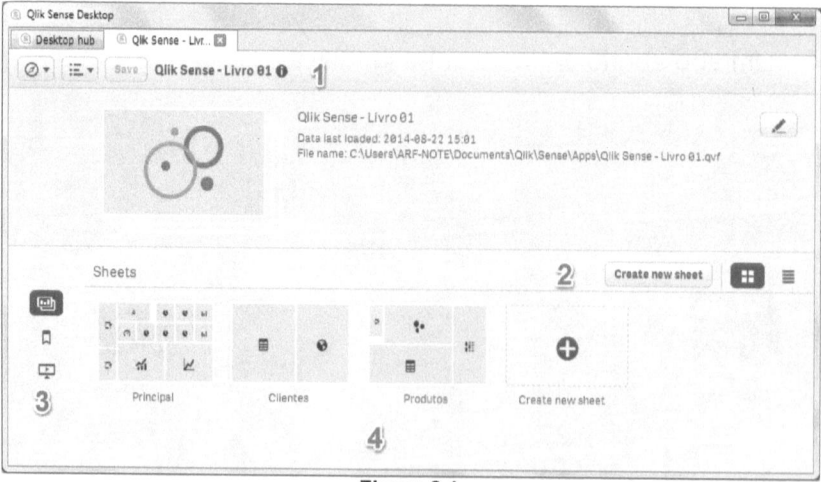

Figura 2.4

Conhecendo a tela Sheet (Dashboard)

Na **Sheet** (dashboard) é onde se adicionam as tabelas e os gráficos para se criar a visualização dos dados.

Através de um dashboard é possível desenvolver e estruturar as visualizações, explorar, analisar e descobrir os dados. A seguir exemplos de dashboards criados no Qlik Sense Desktop.

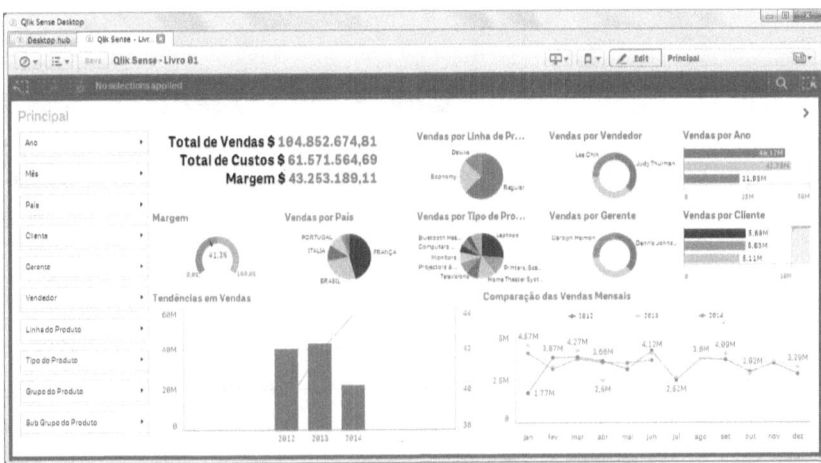

Figura 2.5

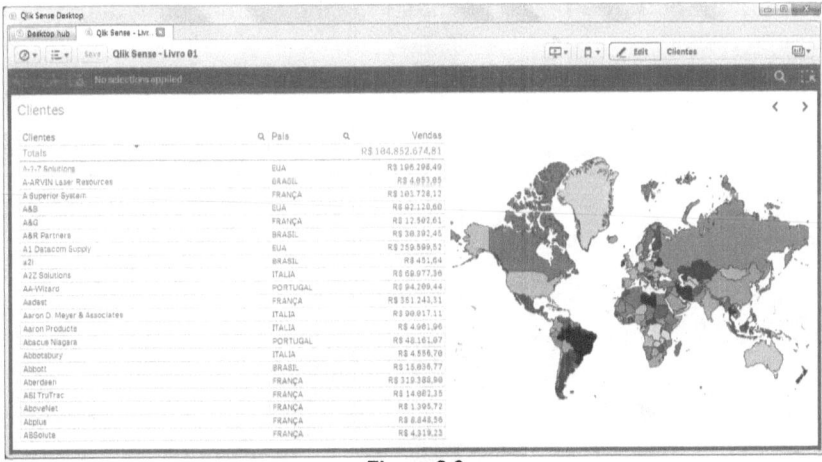

Figura 2.6

ATENÇÃO: Um app Qlik Sense Desktop pode ter uma ou várias sheets (dashboards).

Visualizações

As visualizações são utilizadas para apresentar os dados que foram carregados no app. O ponto chave de uma visualização é comunicar os dados de forma rápida, significativa e com 100% de precisão!

Será através de gráficos, textos, imagens e tabelas que você criará as visualizações no Qlik Sense Desktop.

Tipos de Gráficos do Qlik Sense Desktop

A seguir os tipos de gráficos e tabelas que você poderá utilizar em seus apps.

O Gráfico Treemap

Os gráficos treemap mostram dados hierárquicos utilizando retângulos aninhados, quer dizer, retângulos menores dentro de retângulos maiores.

Em um gráfico treemap é necessário pelo menos uma dimensão e uma medida.

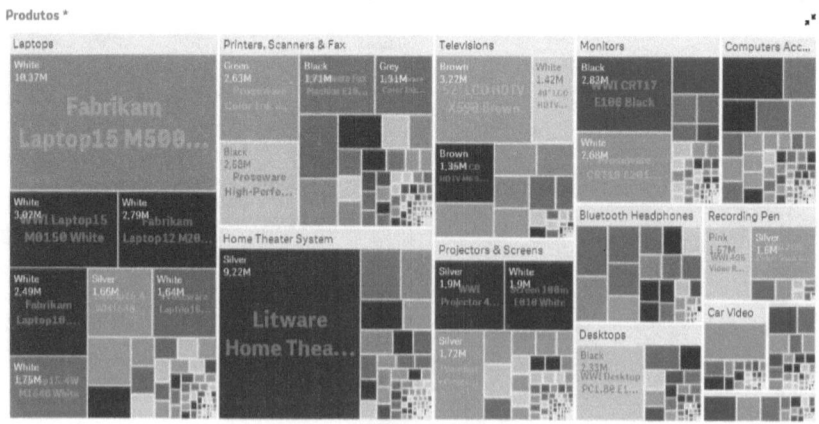

Figura 2.7

O Gráfico de Barras (Bar Chart)

Este é o tipo de gráfico mais básico e conhecido. Cada valor do eixo-X corresponde a uma barra. A altura da barra corresponde ao seu valor numérico no eixo-Y.

Em um gráfico de barras é necessário pelo menos uma dimensão e uma medida.

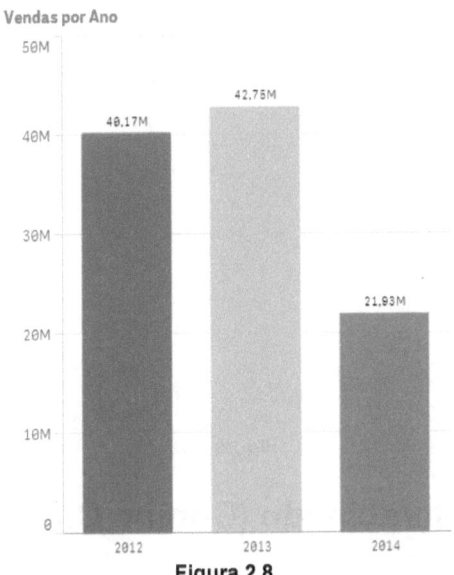

Figura 2.8

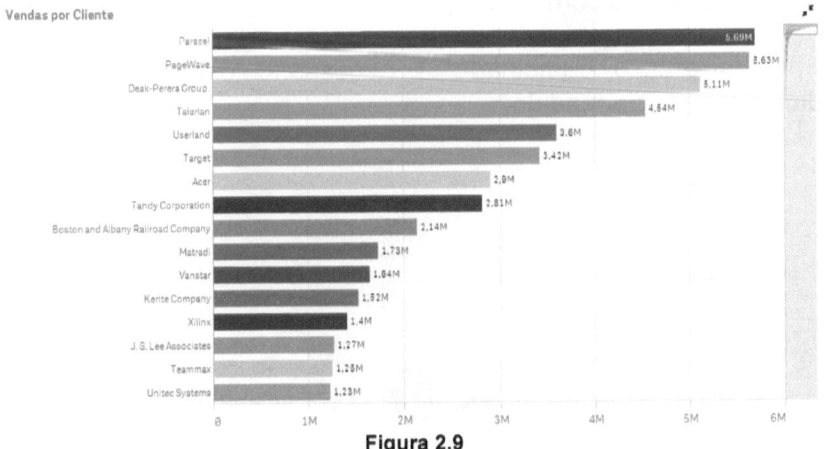

Figura 2.9

O Gráfico de Linhas (Line Chart)

O gráfico de linhas é basicamente definido da mesma maneira que o gráfico de barras. Em vez de usar barras, os dados são apresentados como linhas entre os pontos de valores.

Em um gráfico de linhas é necessário pelo menos uma dimensão e uma medida.

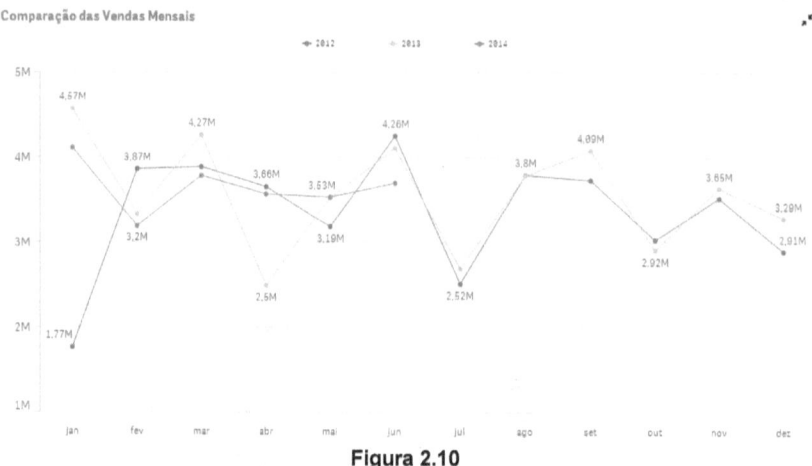

Figura 2.10

O Gráfico Combinado (Combo Chart)

O gráfico combinado permite a combinação de recursos do gráfico de barras com os do gráfico de linhas.

Em um gráfico combinado é necessário pelo menos uma dimensão e uma medida.

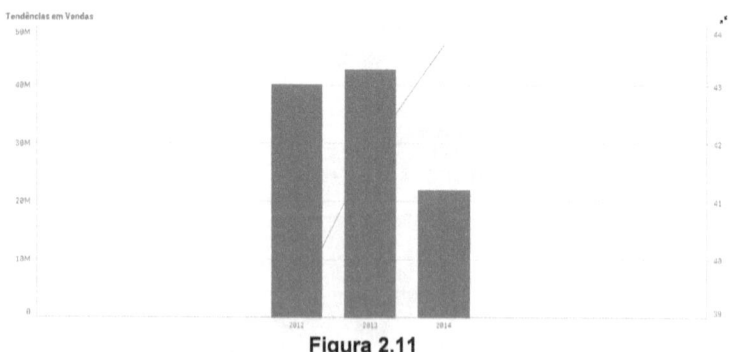

Figura 2.11

O Gráfico de Pizza / Torta (Pie Chart)

O primeiro gráfico desse tipo que se tem registro foi publicado por William Playfair, que também inventou os gráficos de linha e de barras, em 1801.

O gráfico de Pizza é um círculo, que representa um todo, cada fatia representa uma parte do todo. Lembre-se que a soma de todas as fatias devem somar 100%.

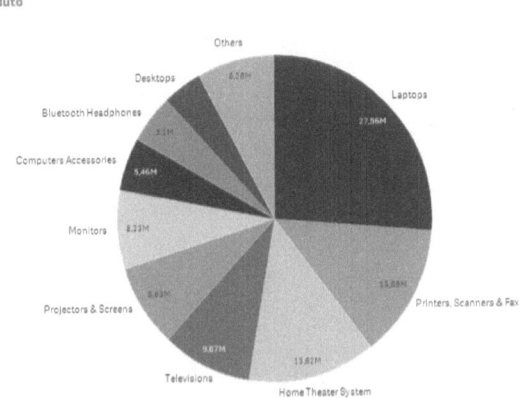

Figura 2.12

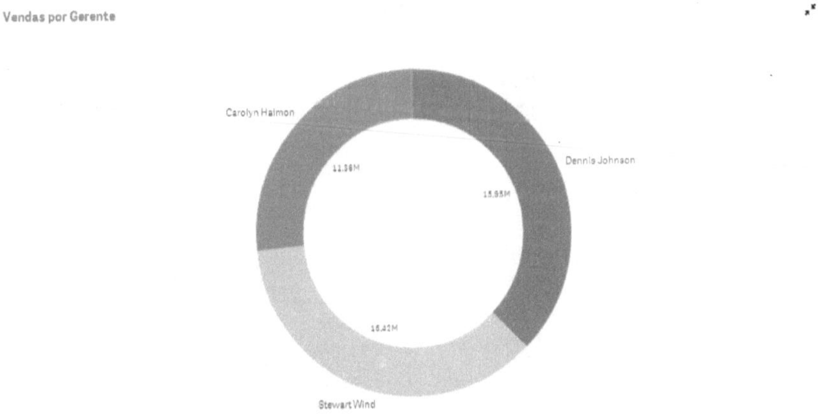

Vendas por Gerente

Figura 2.13

O Gráfico de Dispersão (Scatter Plot)

O gráfico de dispersão desenha os pontos de dados que representam combinações de expressões, iterados em uma ou várias dimensões. Os dois eixos são contínuos, representando uma expressão cada.

Em um gráfico de dispersão é necessário pelo menos uma dimensão e duas medidas.

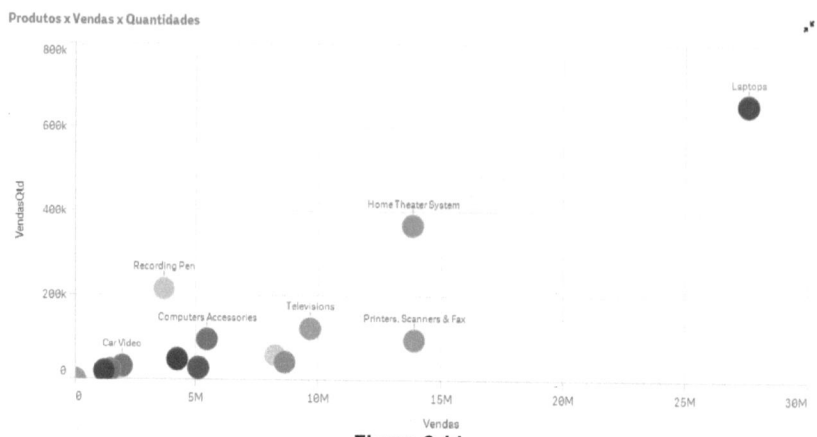
Figura 2.14

O Gráfico de Mostrador (Gauge)

Os gráficos de mostrador são usados para mostrar o valor de uma única expressão sem dimensões.

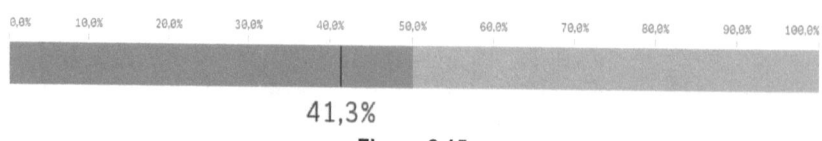

41,3%

Figura 2.15

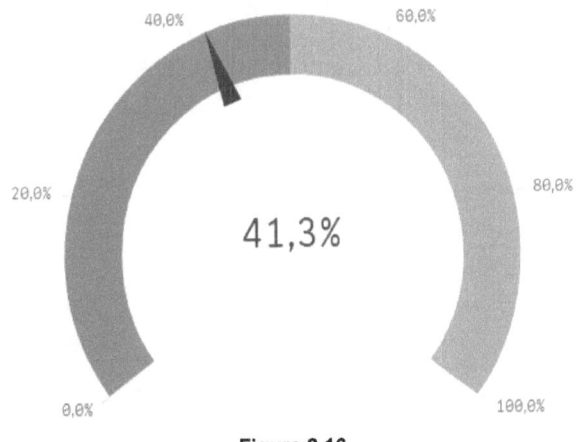

Figura 2.16

O Gráfico de Mapa (Map)

Os mapas possuem uma grande variedade de uso, geralmente consiste em visualizar alguma informação por região.

O provedor de mapas para o Qlik Sense é o OpenStreetMap.

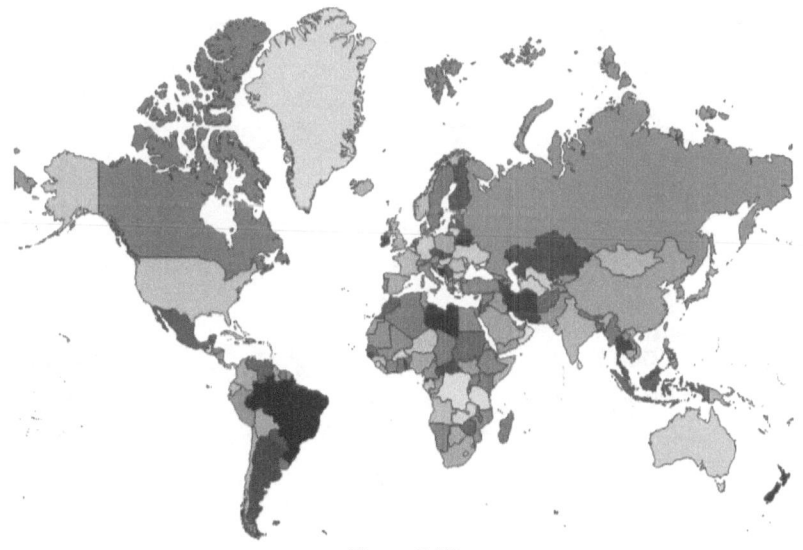

Figura 2.17

A Tabela (Table)

Uma tabela mostra vários campos simultaneamente, por padrão uma tabela contém uma dimensão e várias medidas.

Detalhes dos Produtos

ID	Q Linha	Q Tipo	Q Grupo	Q SubGrupo Q	Vendas R$
Totais					104.852.674,8
10001	Economy	MP4&MP3	512MB MP3 Player E51 Silver	Silver	R$ 28,09
10002	Economy	MP4&MP3	512MB MP3 Player E51 Blue	Blue	R$ 93.677,86
10003	Economy	MP4&MP3	1G MP3 Player E100 White	White	R$ 28.524,22
10004	Economy	MP4&MP3	2G MP3 Player E200 Silver	Silver	R$ 147.527,19
10005	Economy	MP4&MP3	2G MP3 Player E200 Red	Red	R$ 190.066,96
10006	Economy	MP4&MP3	2G MP3 Player E200 Black	Black	R$ 39.855,73
10007	Economy	MP4&MP3	2G MP3 Player E200 Blue	Blue	R$ 16.635,59
10008	Economy	MP4&MP3	4G MP3 Player E400 Silver	Silver	R$ 38.458,63
10009	Economy	MP4&MP3	4G MP3 Player E400 Black	Black	R$ 61.580,36
10010	Economy	MP4&MP3	4G MP3 Player E400 Green	Green	R$ 67.056,77
10011	Economy	MP4&MP3	4G MP3 Player E400 Orange	Orange	R$ 293.362,39

Figura 2.18

O Gráfico de Texto e Imagem (Text & Image)

O gráfico de texto e imagem complementa as outras visualizações, pois oferece as opções de agregar textos e imagens.

Total de Vendas $ 104.852.674,81
Total de Custos $ 61.571.564,69
Margem $ 43.253.189,11

Figura 2.19

Conforme observou, diferentes visualizações servem para diferentes propósitos!

O Modelo de Seleção Associativo

Seleção é o principal método de interação com o Qlik Sense Desktop.

Quando você seleciona um filtro ou uma determinada informação, o Qlik Sense Desktop filtra os valores codificando-os por cores em função de seus diferentes estados, a seguir as cores de cada estado de seleção:

Verde: Item selecionado.

Branco: Possíveis resultados.

Cinza claro: Itens alternativos, itens que não foram selecionados.

Cinza escuro: Itens excluídos, que não possui relacionamento com o item selecionado.

Na Figura 2.20 é possível observar em um filtro de pesquisa as cores de cada estado de seleção.

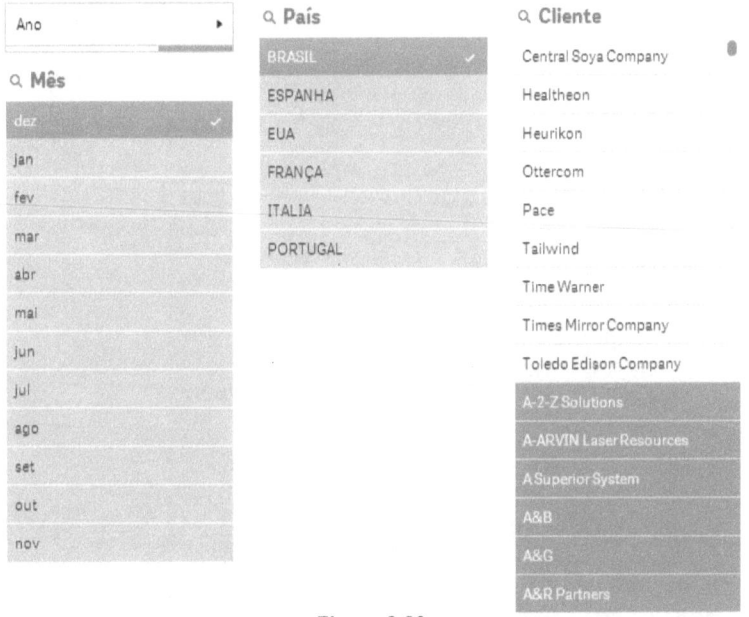

Figura 2.20

CAPÍTULO 3

O SEGREDO

Introdução

Nesta parte do livro você irá desenvolver a estrutura da base de dados que sustenta um aplicativo Qlik Sense Desktop, ou melhor, o segredo por trás de um bom app.

Na Parte 3 do livro você aprenderá a:

- Carregar arquivos do Excel para o Qlik Sense Desktop;
- Carregar arquivo de Texto para o Qlik Sense Desktop;
- Visualizar a estrutura e os dados importados para o app;
- Alterar os scripts de carga de dados;
- Alterar os títulos de campos e tabelas.

Desenvolvendo Apps no Qlik Sense Desktop

Desenvolver um aplicativo no Qlik Sense Desktop envolve alguns passos básicos que você precisa seguir, são eles:

1. Criar um novo app;
2. Carregar os dados para o app;
3. Criar um ou mais dashboards (sheets) e adicionar as tabelas e os gráficos (visualizações).

Nesta parte do livro você aprenderá sobre os itens 1 e 2. Apresentarei o item 3 na parte 4 do livro.

Agora que você conhece os três princípios básicos para o desenvolvimento de um app, vamos por a mão na massa.

Criando um Novo App

A primeira coisa a se fazer é criar um app em branco, para isso faça o seguinte:

1. Execute o Qlik Sense Desktop.
2. Após aberto o Qlik Sense Desktop aparecerá a tela **Desktop hub**, clique no botão **Create new app**, veja a Figura 3.1.

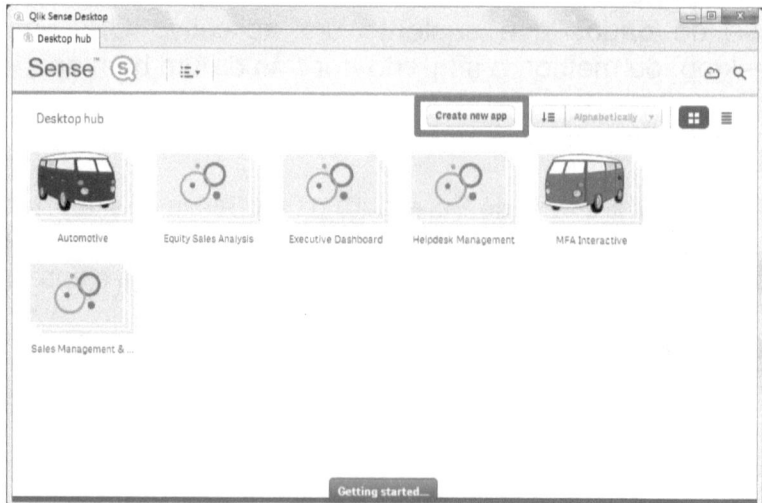

Figura 3.1

3. A caixa de diálogo **Create new app** será aberta. Digite **Qlik Sense - Livro 01** como o nome do aplicativo.

4. Depois clique no botão **Create**, observe a Figura 3.2.

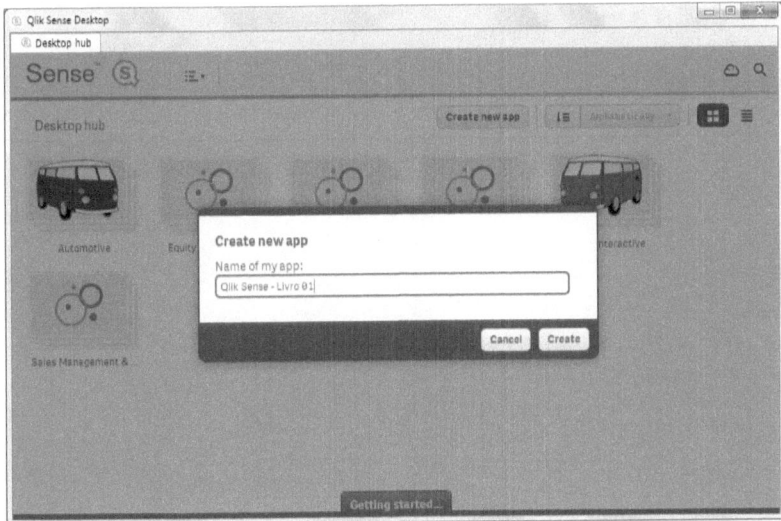

Figura 3.2

5. A confirmação da criação do app será exibida e o aplicativo aparecerá em **Desktop hub**, veja a Figura 3.3.

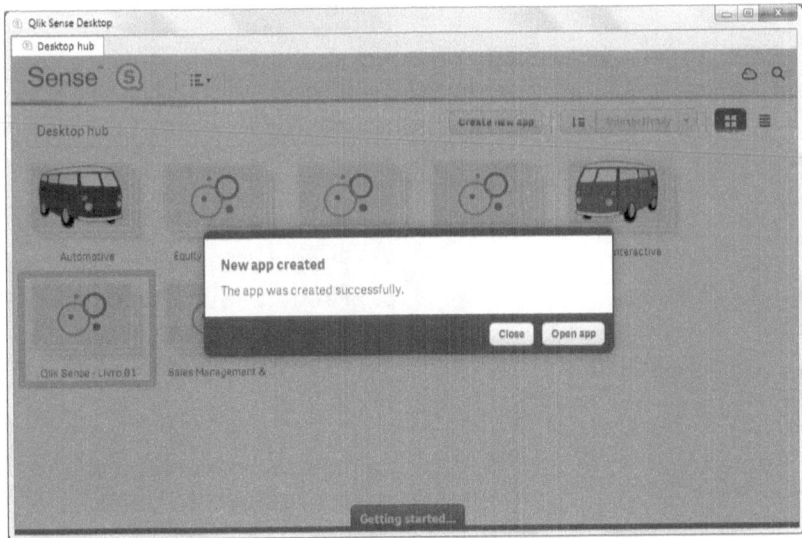

Figura 3.3

6. Clique no botão **Open app** (Figura 3.3) ou dê um clique no app **Qlik Sense – Livro 01** da tela **Desktop hub** para abrir o seu aplicativo.

7. Por padrão a primeira tela do app será a **App overview**, observe a Figura 3.4.

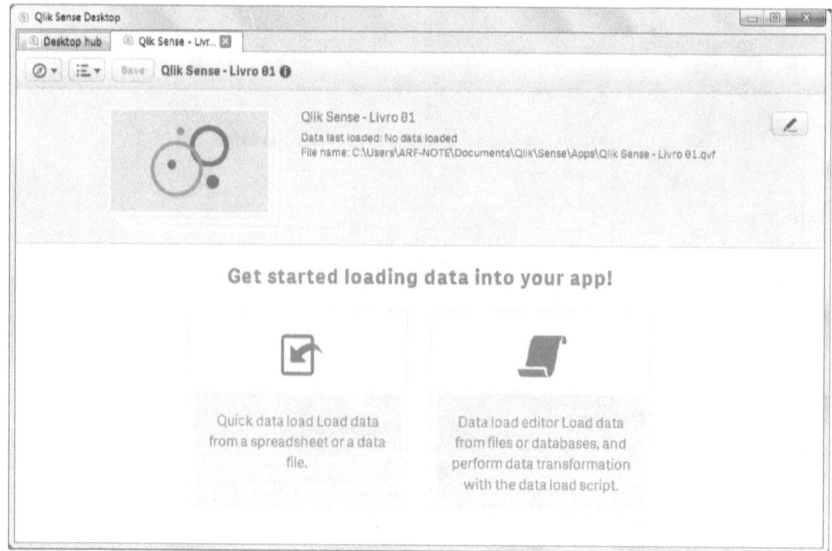

Figura 3.4

A Carga de Dados

Depois de ter criado o seu primeiro app você precisará carregar os dados para o aplicativo para que se possa criar os Dashboards. Para que o app funcione você deverá carregar os seguintes arquivos:

1. Vendas.xlsx
2. Produtos.xlsx
3. Pais.txt
4. Vendedores.csv
5. Clientes.xlsx

6. Gerentes.xlsx
7. ProdutosGrupos.xlsx
8. ProdutosSubGrupos.xlsx
9. ProdutosLinhas.xlsx
10. ProdutosTipos.xlsx

É uma boa prática começar a carga pelo arquivo mais importante do projeto, neste livro será o arquivo de Vendas.

Carregando o Arquivo de Vendas

Para carregar o arquivo **Vendas.xlsx** para o app faça o seguinte:

Clique na opção **Quik data load**, este item pode ser encontrado através de dois lugares:

1. **Menu** (seta com o número 1 na Figura 3.5) ou;
2. Tela **App overview** (seta com o número 2 na Figura 3.5).

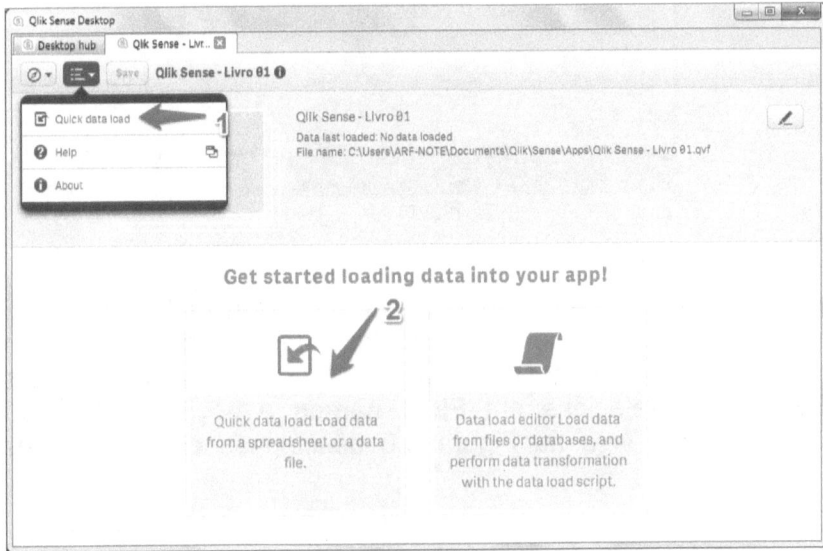

Figura 3.5

Após clicar em **Quik data load** aparecerá a tela **Select file** (observe a Figura 3.6), procure em seu computador onde se encontram os arquivos com as bases de dados de exemplos do livro (lembra que você fez o download do arquivo com as bases de dados?).

Selecione o arquivo **Vendas.xlsx**, depois de selecionado o arquivo clique no botão **Select**.

43

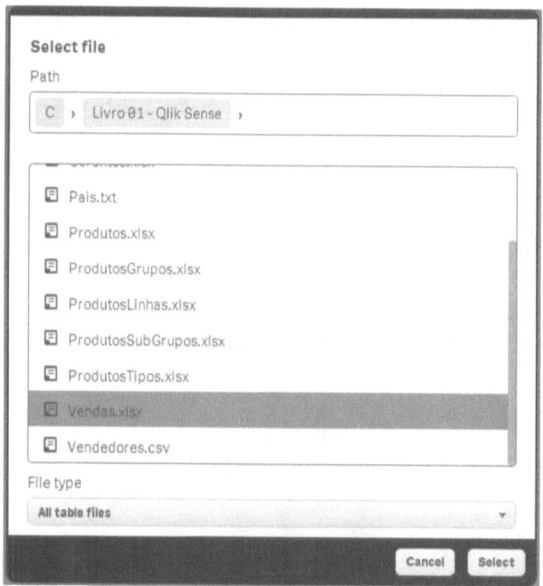

Figura 3.6

Observe na Figura 3.7 o conteúdo do arquivo **Vendas.xlsx**. Observe também que os cabeçalhos das colunas não foram carregados corretamente, para incluir os nomes corretos dos cabeçalhos selecione em **Field names** a opção **Embedded field names**, veja na Figura 3.8 as colunas com os nomes corretos.

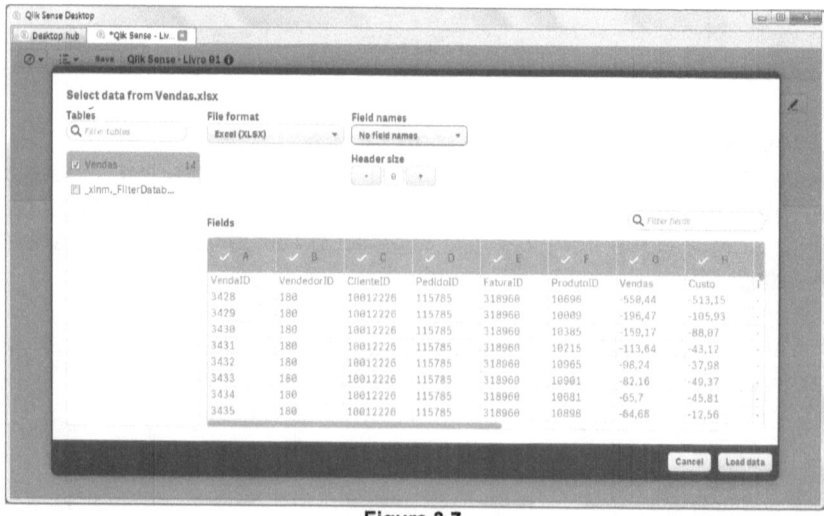

Figura 3.7

Para carregar os dados da planilha para o app clique no botão
Load data, conforme mostra a Figura 3.8.

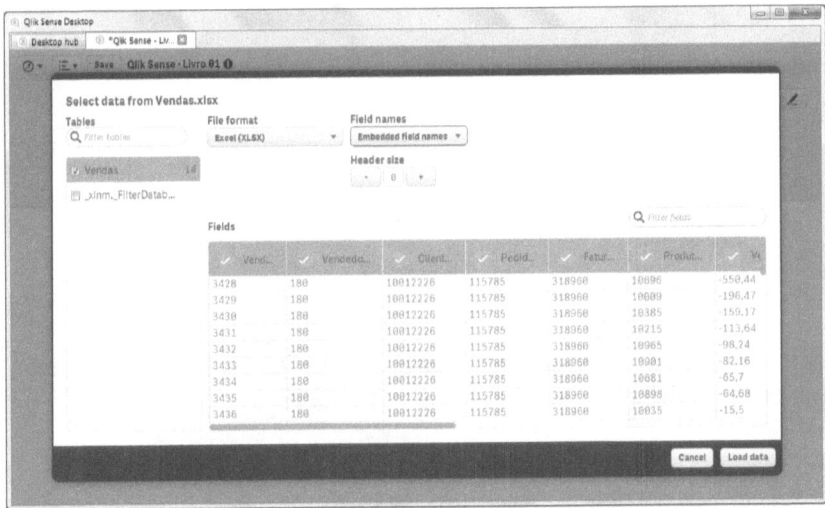

Figura 3.8

Após o Qlik Sense carregar todos os dados para o aplicativo
aparecerá uma mensagem informando que o processo de carga
foi realizado com sucesso. Observe as informações na Figura
3.9. Em seguida clique no botão **Close**.

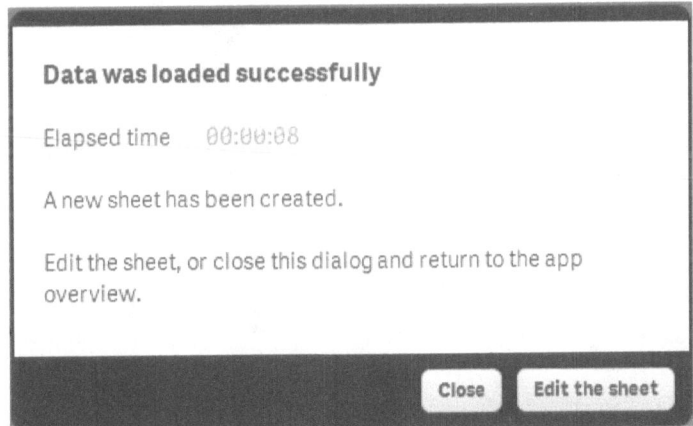

Figura 3.9

Clique no botão **Save** para salvar as alterações realizadas no
app.

No menu **Navigation** da tela **App overview** selecione a opção **Data load editor**, veja a seta na Figura 3.10.

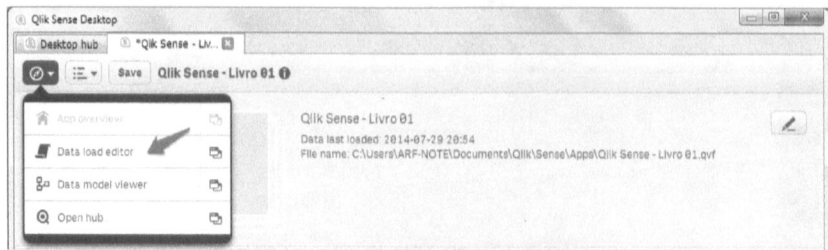

Figura 3.10

Após aparecer a tela **Data load editor** observe que a tela é dividida em três partes (Figura 3.11):

A. As seções (lado esquerdo da tela);
B. O editor de script (no centro da tela);
C. As conexões de dados (lado direito da tela).

Selecione a seção **Main** e visualize no Editor de Scripts as variáveis de interpretação numérica (mais informações sobre as variáveis de interpretação numérica no Apêndice II), que são configurações de como o app deverá interpretar o formato de números, valores financeiros, datas, dias da semana, meses, etc.

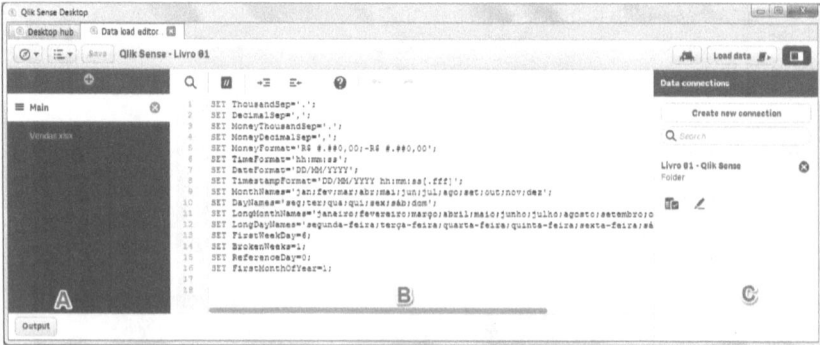

Figura 3.11

Visualizando o Script de Carga de Dados de Vendas

No **Editor de Script** selecione a seção **Vendas.xlsx** e você visualizará na parte central o código de carga de dados do arquivo Vendas, conforme mostra a Figura 3.12.

```
1   LOAD
2       VendaID,
3       VendedorID,
4       ClienteID,
5       PedidoID,
6       FaturaID,
7       ProdutoID,
8       Vendas,
9       Custo,
10      Margem,
11      VendaBruta,
12      VendasQtd,
13      VendaData,
14      FaturaData
15  FROM 'lib://Livro 01 - Qlik Sense/Vendas.xlsx'
16  (ooxml, embedded labels, table is Vendas);
```

Figura 3.12

Carregando para o App os Dados das Vendas

Caso queira carregar novamente os dados para o app clique no botão **Load data** no próprio editor de scripts (o botão fica na parte superior direita da tela). Logo após o Qlik Sense Desktop carregar os dados para a memória aparecerá a tela a seguir, Figura 3.13.

Figura 3.13

Visualizando o Modelo de Dados do App

No menu **Navigation** selecione a opção **Data model viewer**, conforme mostra a Figura 3.14.

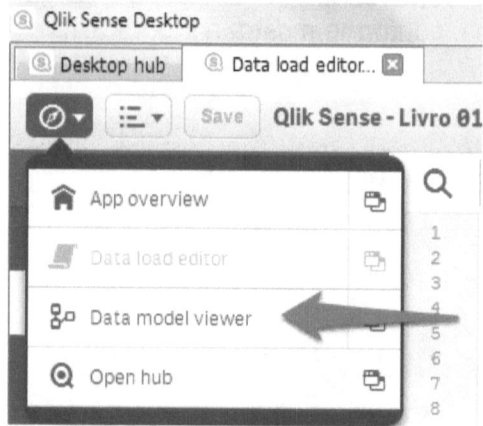

Figura 3.14

Será através do Visualizador de Modelo de Dados (Data model viewer) que você terá uma visão geral da estrutura de dados do aplicativo. Até o momento há somente a tabela Vendas.

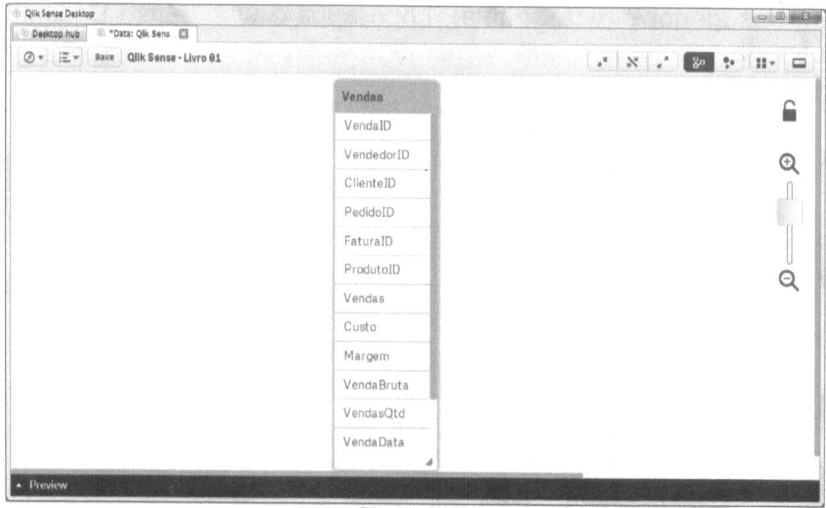

Figura 3.15

Para visualizar os dados de Vendas clique na tabela e depois em **Preview**, os campos e os dados da tabela aparecerão na parte de baixo da tela, observe a Figura 3.16.

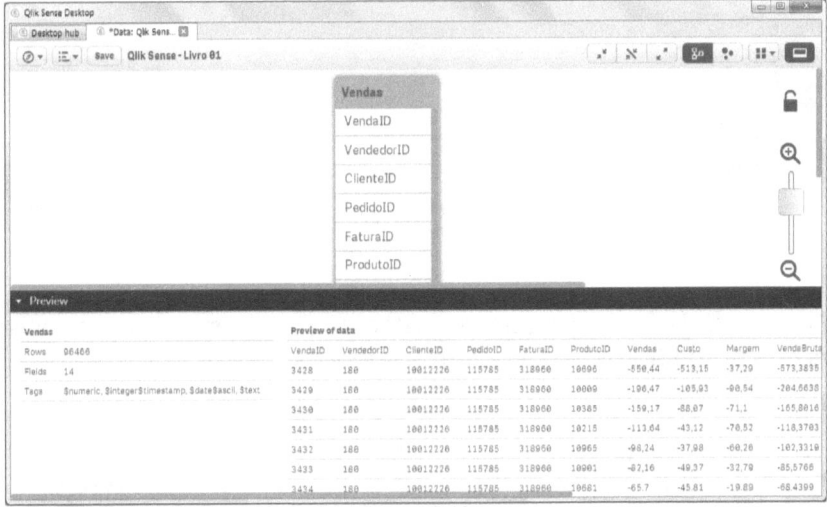

Figura 3.16

Clique no botão **Save** e depois volte para a tela **Data load editor**.

Adicionando ao App o Arquivo de Produtos

Antes de carregar os dados do arquivo **Produtos.xlsx** você irá renomear a seção **Vendas.xlsx** para **Dados** (clique em Vendas.xlsx e altere o texto para Dados), conforme a Figura 3.17. Após renomear a seção clique no botão **Save**.

Vá ao **Editor de Scripts** e deixe o cursor logo abaixo do script de Vendas, conforme mostra a Figura 3.17, depois clique no botão **Select Data**.

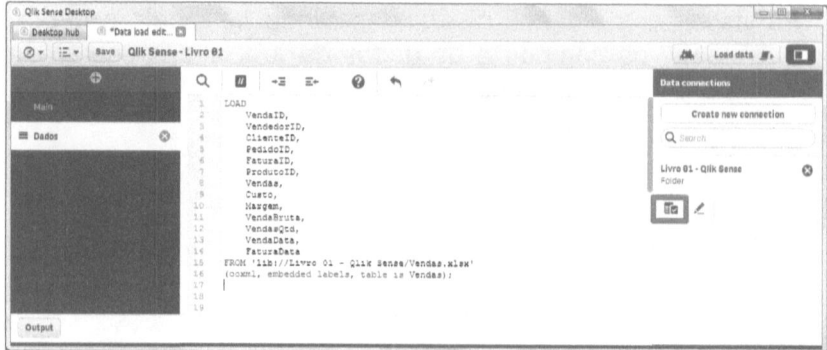

Figura 3.17

Na tela **Select file** selecione o arquivo **Produtos.xlsx** e depois clique no botão **Select**, conforme a Figura 3.18.

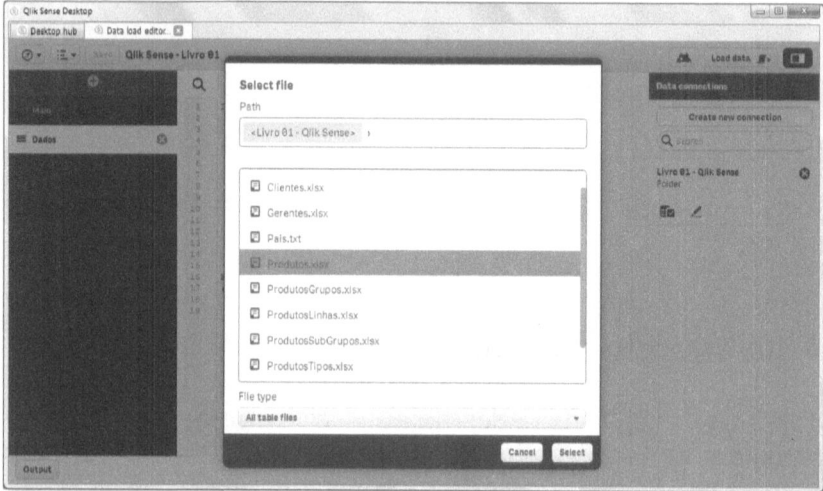

Figura 3.18

Verifique se o Qlik Sense Desktop já trouxe selecionado a opção **Embedded field names** em **Field names** (lembre-se que esta opção inclui os nomes corretos dos cabeçalhos). Clique no botão **Insert Script**.

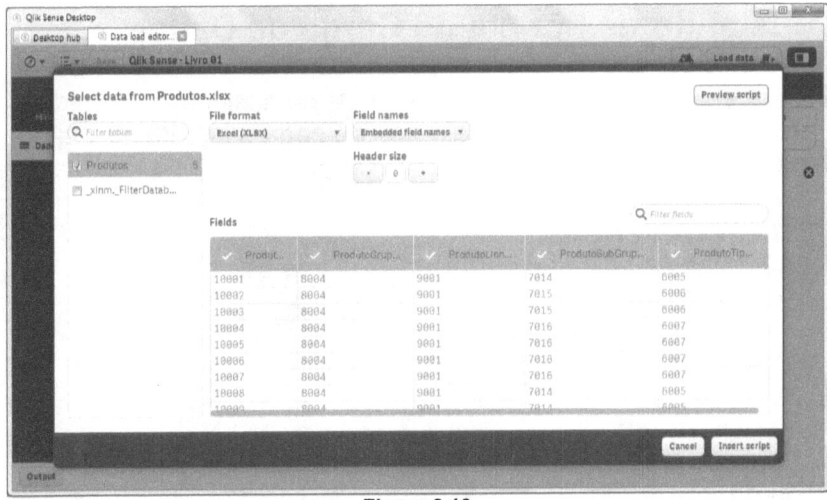

Figura 3.19

Pronto, mais um arquivo de carga de dados incluído em seu app! Clique no botão **Save** para que as alterações realizadas até o momento sejam salvas.

ATENÇÃO: Observe na Figura 3.20 que o editor incluiu o novo script no mesmo local onde você deixou o cursor! Portanto, antes de realizar qualquer nova carga verifique onde você quer que o script seja incluído.

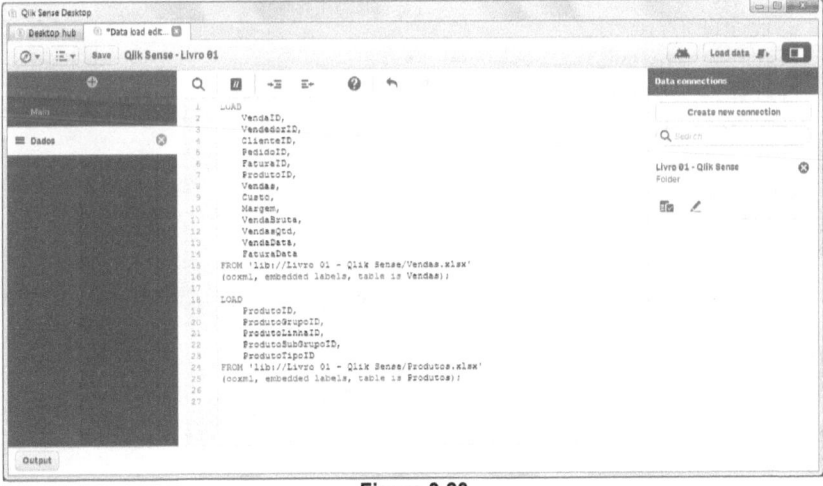

Figura 3.20

Ajustando os Scripts de Carga de Dados

Para deixar o script um pouco mais profissional inclua duas barras "//" e o nome da tabela antes de cada carga identificando-os. Observe a seguir como ficará o script.

```
// TABELA VENDAS
LOAD
    VendaID,
    VendedorID,
    ClienteID,
    PedidoID,
    FaturaID,
    ProdutoID,
    Vendas,
    Custo,
    Margem,
    VendaBruta,
    VendasQtd,
    VendaData,
    FaturaData
FROM 'lib://Livro 01 - Qlik Sense/Vendas.xlsx'
(ooxml, embedded labels, table is Vendas);

// TABELA PRODUTOS
LOAD
    ProdutoID,
    ProdutoGrupoID,
    ProdutoLinhaID,
    ProdutoSubGrupoID,
    ProdutoTipoID
FROM 'lib://Livro 01 - Qlik Sense/Produtos.xlsx'
(ooxml, embedded labels, table is Produtos);
```

Depois de alterar o script não se esqueça de clicar no botão **Save**.

ATENÇÃO: Tudo o que é escrito depois das duas barras é considerado como comentário.

Carregando para o App os Dados dos Produtos

Para carregar os dados dos Produtos para o app clique no botão **Load data** no próprio editor de scripts, logo após o Qlik Sense Desktop carregar todos os dados para a memória aparecerá a tela da Figura 3.21.

Observe que o Qlik Sense Desktop além de carregar a nova tabela de Produtos carregou novamente a tabela de Vendas.

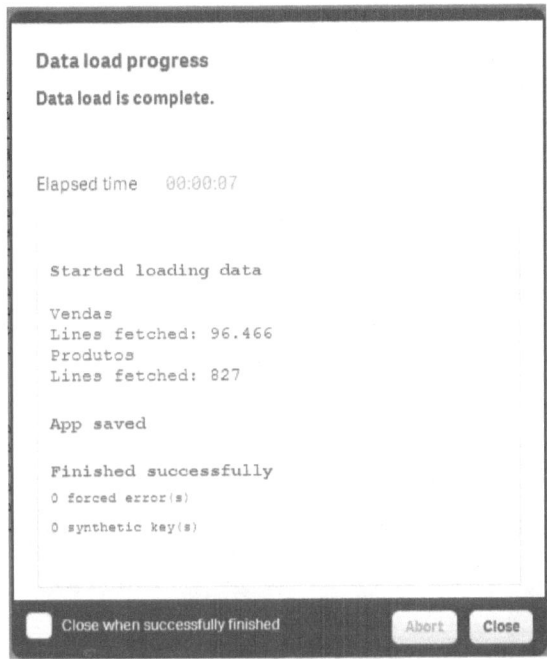

Figura 3.21

Visualizando o Novo Modelo de Dados do App

Vá novamente ao menu **Navigation** e selecione a opção **Data model viewer**. Observe agora que temos duas tabelas, Vendas e Produtos, e há um relacionamento entre elas através do campo **ProdutoID**, conforme mostra a Figura 3.22.

O Qlik Sense Desktop identifica que há o mesmo campo nas duas tabelas e automaticamente cria um relacionamento entre elas. Para dois campos serem relacionados, eles precisam ter exatamente o mesmo nome. A comparação é case sensitive, portanto o campo ProdutoID e produtoid não são os mesmos e não serão relacionados.

Clique na tabela **Produtos** e depois em **Preview** para visualizar os seus respectivos dados, faça o mesmo com a tabela **Vendas**.

Observe que as informações mostradas no **Preview** mudam quando você clica no cabeçalho da tabela ou em algum campo das tabelas. Aproveite este momento para conhecer as tabelas do seu app.

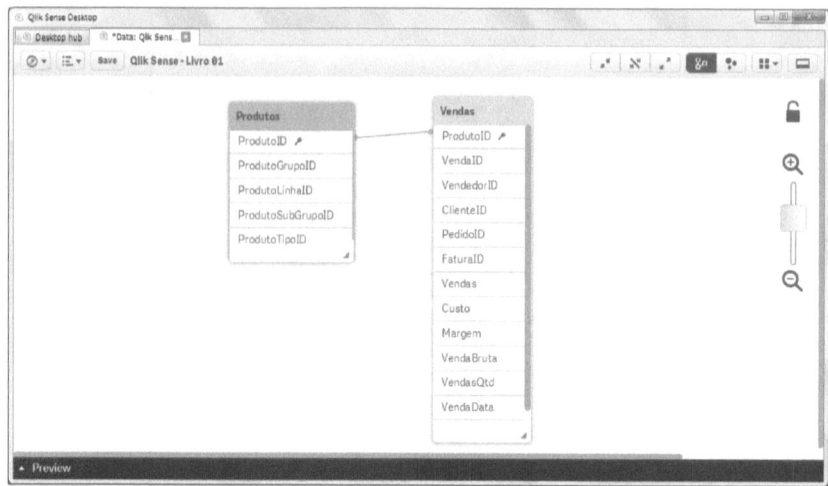

Figura 3.22

Adicionando ao App o Arquivo de Países

O próximo arquivo de dados que carregará será **Pais.txt**.

Clique em **Menu** e escolha **Quick data load**. Como já existem dados carregados no aplicativo a caixa de diálogo mostrará duas opções: **Add data**, se escolher esta opção o Qlik Sense Desktop adicionará novos dados ao app ou **Replace data**, onde o Qlik Sense Desktop apagará todos os dados existentes do app e substituirá com novos dados. Escolha **Add data**, veja as opções na Figura 3.23.

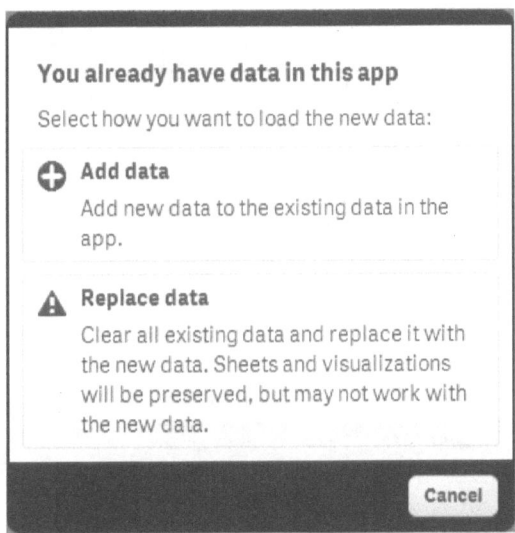

Figura 3.23

Selecione o arquivo **Pais.txt** e depois clique no botão **Select**.

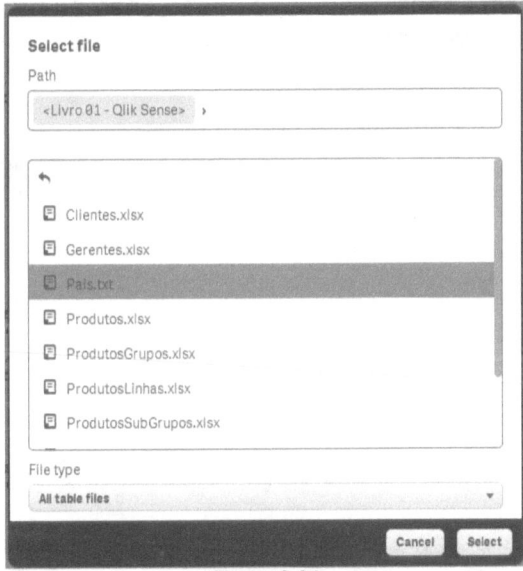

Figura 3.24

Verifique se o Qlik Sense já trouxe selecionado a opção **Embedded field names** em **Field names**. Observe que esta tela é um pouco diferente das outras telas de carga de dados (veja a Figura 3.25). Em seguida clique no botão **Load data**.

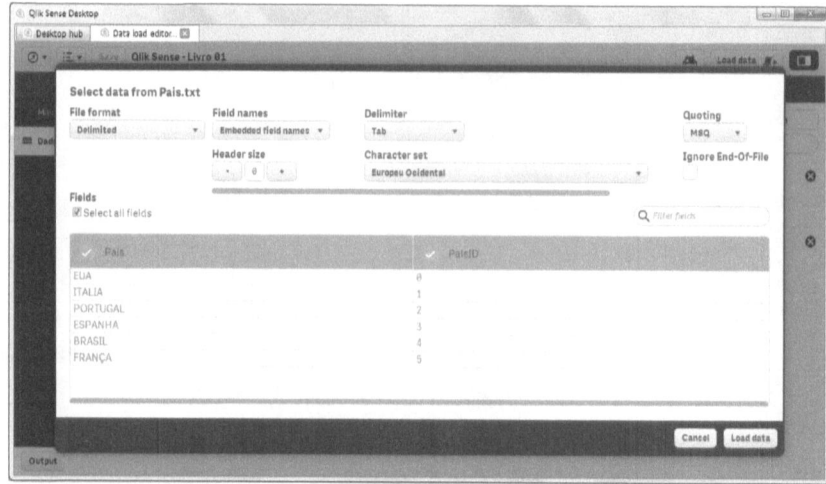

Figura 3.25

Depois de carregados os dados feche a tela de informação de carga. Observe na Figura 3.26 que esta nova carga de dados criou dois novos itens, uma nova seção chamada **Pais.txt** (item 1) e uma nova conexão, **Livro 01 – Qlik Sense 2**, (item 2).

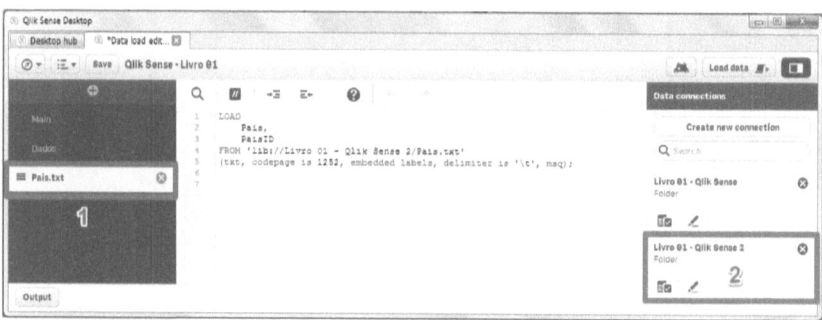

Figura 3.26

Vamos ajustar novamente o script de carga de dados:

1. Selecione e copie o script de carga de **Países** e cole na seção **Dados**.
2. Inclua o cabeçalho antes do script de carga de **Países**.
3. Delete a seção **Pais.txt**.
4. Delete a conexão de dados **Livro 01 – Qlik Sense 2**.
5. Salve as alterações.

Após as melhorias a sua tela deverá ficar igual a Figura 3.27.

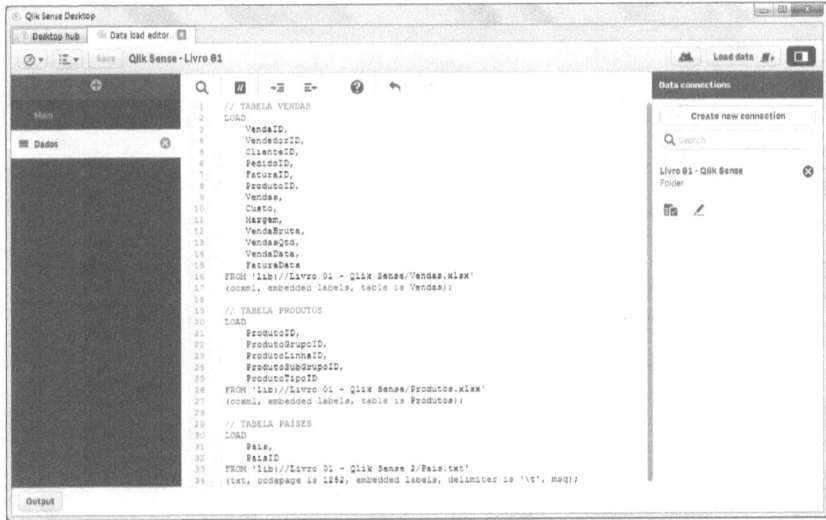

Figura 3.27

Visualizando o Script de Carga de Dados de País

Verifique se o seu script está igual ao script de carga de dados abaixo.

```
// TABELA VENDAS
LOAD
    VendaID,
    VendedorID,
    ClienteID,
    PedidoID,
    FaturaID,
    ProdutoID,
    Vendas,
    Custo,
    Margem,
    VendaBruta,
    VendasQtd,
    VendaData,
    FaturaData
FROM 'lib://Livro 01 - Qlik Sense/Vendas.xlsx'
(ooxml, embedded labels, table is Vendas);
```

// TABELA PRODUTOS

```
LOAD
    ProdutoID,
    ProdutoGrupoID,
    ProdutoLinhaID,
    ProdutoSubGrupoID,
    ProdutoTipoID
FROM 'lib://Livro 01 - Qlik Sense/Produtos.xlsx'
(ooxml, embedded labels, table is Produtos);
```

// TABELA PAÍSES

```
LOAD
    Pais,
    PaisID
FROM 'lib://Livro 01 - Qlik Sense/Pais.txt'
(txt, codepage is 1252, embedded labels, delimiter is '\t',
msq);
```

Não se esqueça de alterar a linha de conexão no seu script de Países:

```
DE    FROM 'lib://Livro 01 - Qlik Sense 2/Pais.txt'
PARA FROM 'lib://Livro 01 - Qlik Sense/Pais.txt'
```

Clique no botão **Save** para salvar as alterações realizadas no script.

Carregando para o App os Dados dos Países

Para carregar os dados dos Países para o app clique no botão **Load data** no próprio editor de scripts, logo após o Qlik Sense Desktop carregar todos os dados para a memória aparecerá a tela da Figura 3.28.

Observe que o Qlik Sense Desktop além de carregar a nova tabela de Países carregou novamente as tabelas de Vendas e Produtos.

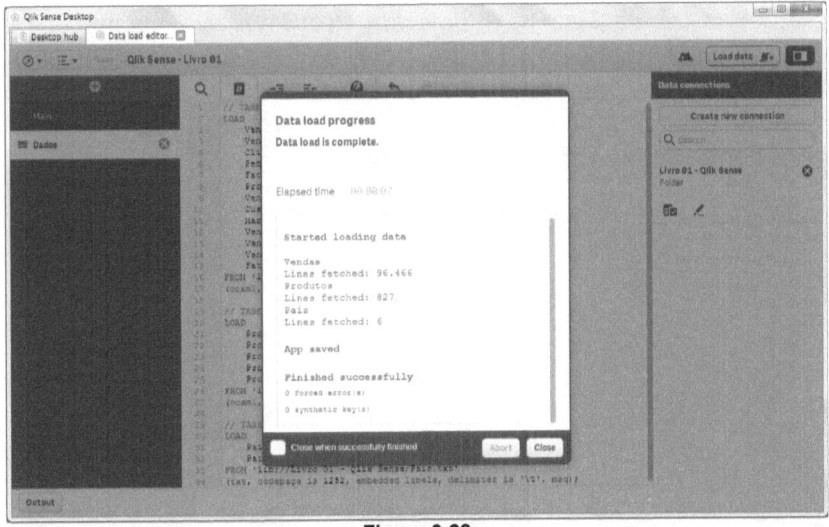

Figura 3.28

Visualizando o Novo Modelo de Dados do App

Vá novamente ao menu **Navigation** e selecione a opção **Data model viewer**. Observe na Figura 3.29 que há agora três tabelas: Vendas, Produtos e País. Observe que a tabela País não está relacionada com nenhuma outra tabela. Neste momento ela não possui nenhum campo em comum com qualquer outra tabela!

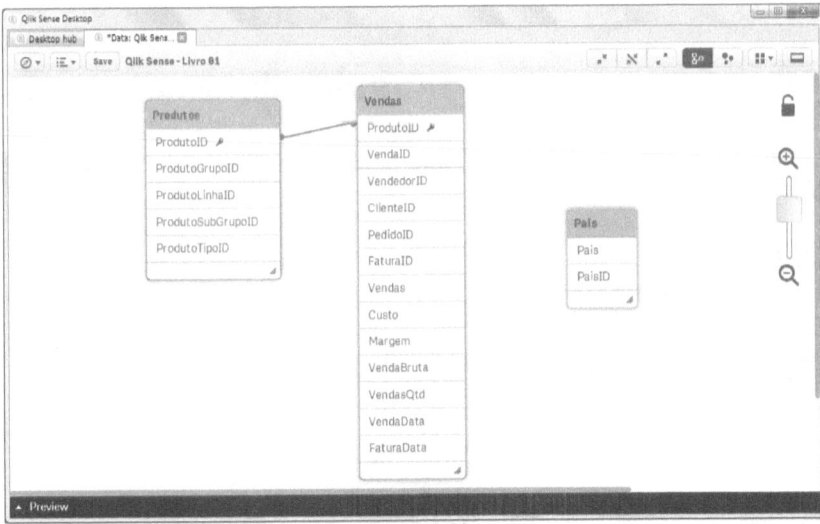

Figura 3.29

Clique na tabela **País** e depois em **Preview** para visualizar os seus respectivos dados. Observe que as informações mostradas no **Preview** mudam quando você clica no cabeçalho da tabela ou em algum campo da mesma tabela. Aproveite este momento para conhecer as tabelas do seu app.

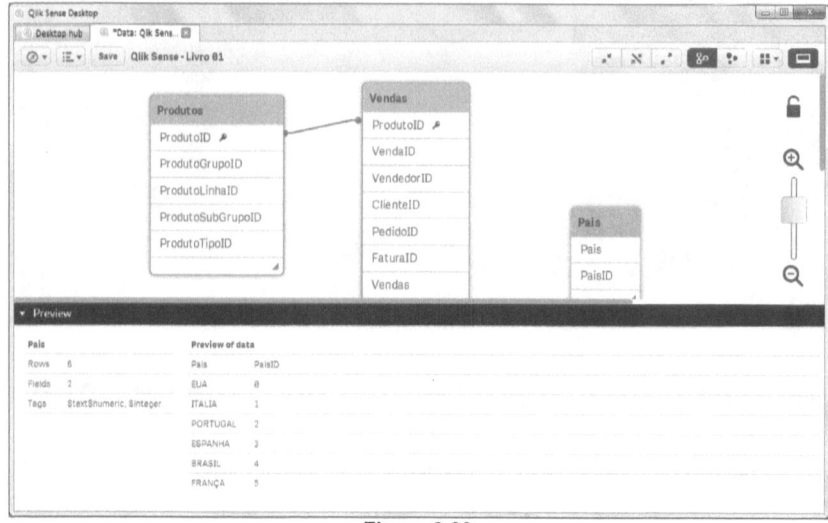

Figura 3.30

Antes de sair desta tela clique no botão **Save**, depois vá para a tela **Data load editor**.

Adicionando ao App o Arquivo de Vendedores

O próximo arquivo a ser carregado ao Qlik Sense Desktop será **Vendedores.csv**.

Mas antes de iniciar o processo de carga de dados vá a tela **Data load editor** e deixe o cursor do mouse logo abaixo do último script da seção **Dados**, conforme mostra a Figura 3.31, depois clique no botão **Select Data**.

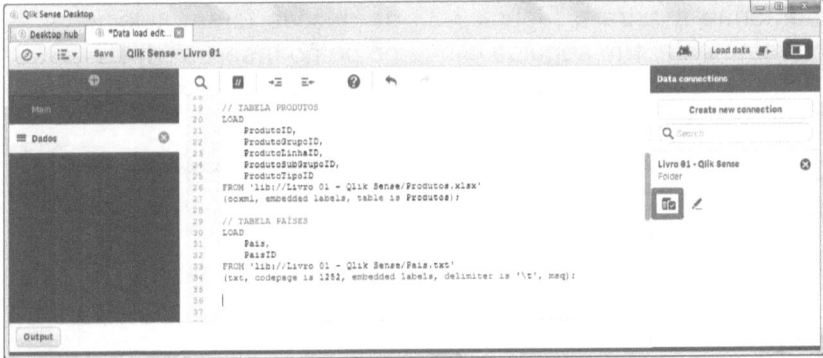

Figura 3.31

Na tela **Select file** selecione o arquivo **Vendedores.csv** e depois clique no botão **Select**.

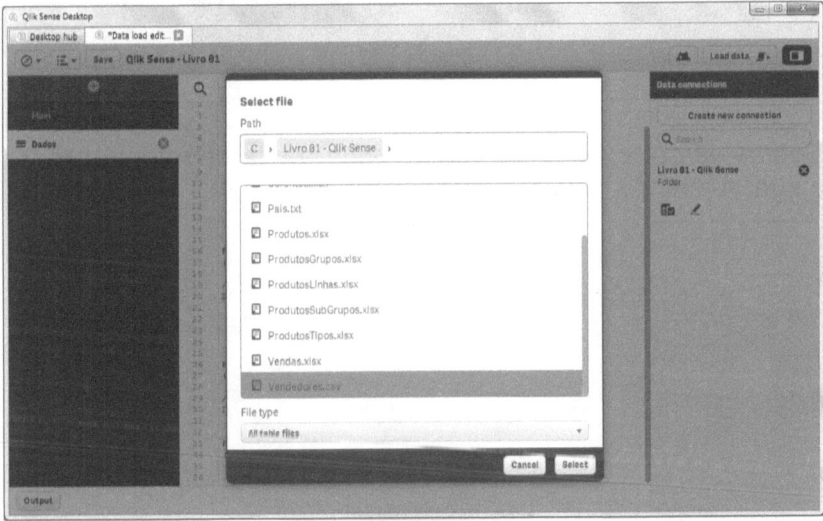

Figura 3.32

Verifique se o Qlik Sense Desktop já trouxe selecionado a opção **Embedded field names** em **Field names**. Verifique também se **Semicolon** está selecionado em **Delimiter**.

Conforme mostra a Figura 3.33 as opções foram selecionadas corretamente. Em seguida clique no botão **Insert script**.

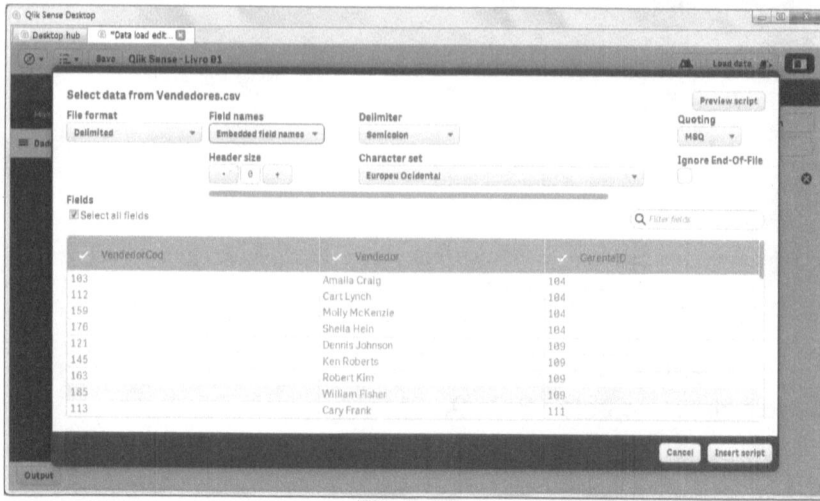

Figura 3.33

Depois de carregados os dados feche a tela de informação de carga. A sua tela deverá ficar igual a Figura 3.34.

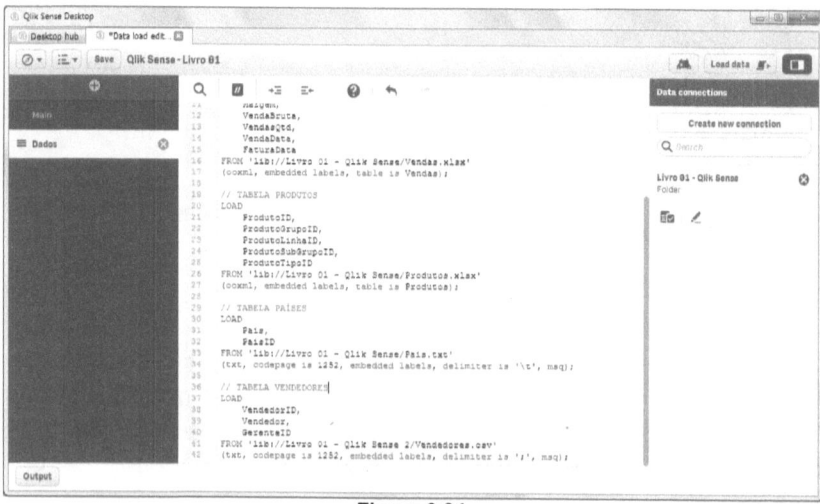

Figura 3.34

Visualizando o Script de Carga de Dados de Vendedores

Verifique se o seu script está igual ao script de carga de dados abaixo.

```
// TABELA VENDAS
LOAD
    VendaID,
    VendedorID,
    ClienteID,
    PedidoID,
    FaturaID,
    ProdutoID,
    Vendas,
    Custo,
    Margem,
    VendaBruta,
    VendasQtd,
    VendaData,
    FaturaData
FROM 'lib://Livro 01 - Qlik Sense/Vendas.xlsx'
(ooxml, embedded labels, table is Vendas);

// TABELA PRODUTOS
LOAD
    ProdutoID,
    ProdutoGrupoID,
    ProdutoLinhaID,
    ProdutoSubGrupoID,
    ProdutoTipoID
FROM 'lib://Livro 01 - Qlik Sense/Produtos.xlsx'
(ooxml, embedded labels, table is Produtos);

// TABELA PAÍSES
LOAD
    Pais,
    PaisID
FROM 'lib://Livro 01 - Qlik Sense/Pais.txt'
(txt, codepage is 1252, embedded labels, delimiter is '\t',
msq);
```

// TABELA VENDEDORES
LOAD
   VendedorCod,
   Vendedor,
   GerenteID
FROM 'lib://Livro 01 - Qlik Sense/Vendedores.csv'
(txt, codepage is 1252, embedded labels, delimiter is ';',
msq);

Clique no botão **Save** para salvar as alterações realizadas no
script.

Carregando para o App os Dados dos Vendedores

Para carregar os dados dos Vendedores para o app clique no
botão **Load data** no próprio editor de scripts, logo após o Qlik
Sense Desktop carregar todos os dados para a memória
aparecerá a tela da Figura 3.35.

Observe que o Qlik Sense Desktop além de carregar a nova
tabela de Vendedores carregou novamente as tabelas de
Vendas, Produtos e Países. Clique no botão **Close**.

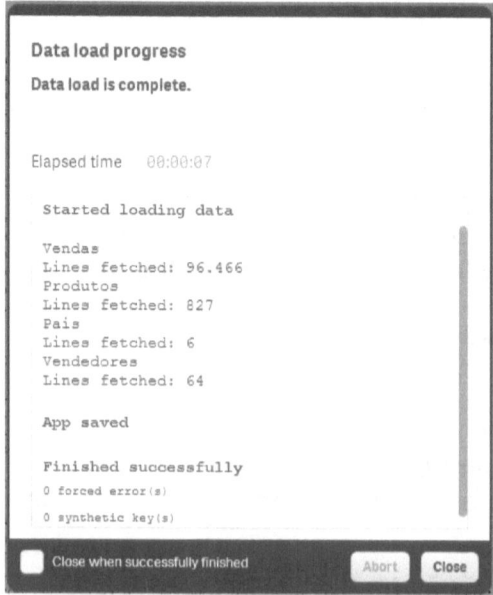

Figura 3.35

Visualizando o Novo Modelo de Dados do App

Vá novamente ao menu **Navigation** e selecione a opção **Data model viewer**. Observe na Figura 3.36 que há agora quatro tabelas.

Observe que a tabela Vendedores também não está relacionada com nenhuma outra tabela, porque neste momento ela não possui nenhum campo em comum com qualquer outra tabela do projeto.

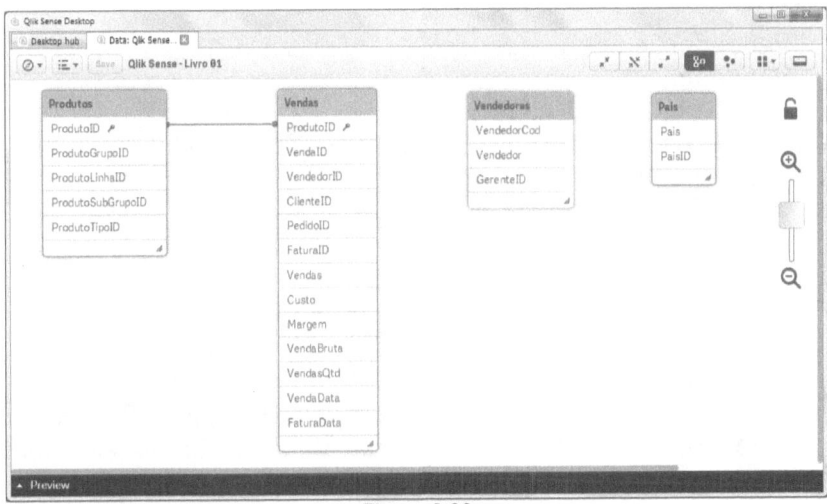

Figura 3.36

Clique na tabela **Vendedores** e depois em **Preview** para visualizar os seus respectivos dados.

Observe os dados do campo **VendedorCod** da tabela **Vendedores** e depois compare-os com o campo **VendedorID** da tabela **Vendas**. Os dados das duas tabelas são os mesmos, porém possuem campos com nomes diferentes!

Para corrigir este problema e montar o relacionamento entre as tabelas volte para a tela de script (**Data load editor**). Mas antes de sair desta tela clique no botão **Save**.

Na tela **Data load editor** vá à seção **Dados** e encontre o script de Vendedores. Na linha do campo **VendedorCod** realize a seguinte alteração:

VendedorCod as VendedorID

Após a alteração o script de carga de Vendedores deverá ficar igual ao script abaixo:

//VENDEDORES
LOAD
    VendedorCod as VendedorID,
    Vendedor,
    GerenteID
FROM 'lib://Livro 01 - Qlik Sense/Vendedores.csv'
(txt, codepage is 1252, embedded labels, delimiter is ';', msq);

Após a alteração no script clique no botão **Save**.

O que você acabou de fazer no script de carga de Vendedores foi renomear o campo **VendedorCod** para **VendedorID**, que é o mesmo campo existente na tabela Vendas. Como as duas tabelas agora possuem o mesmo campo (e os mesmos dados) o Qlik Sense Desktop entenderá que há um relacionamento entre elas.

Carregue novamente todos os dados para a memória do Qlik Sense Desktop clicando no botão **Load data** e depois volte para a tela **Data model viewer**.

Observe na Figura 3.37 que agora há um relacionamento entre as tabelas **Vendas** e **Vendedores**!

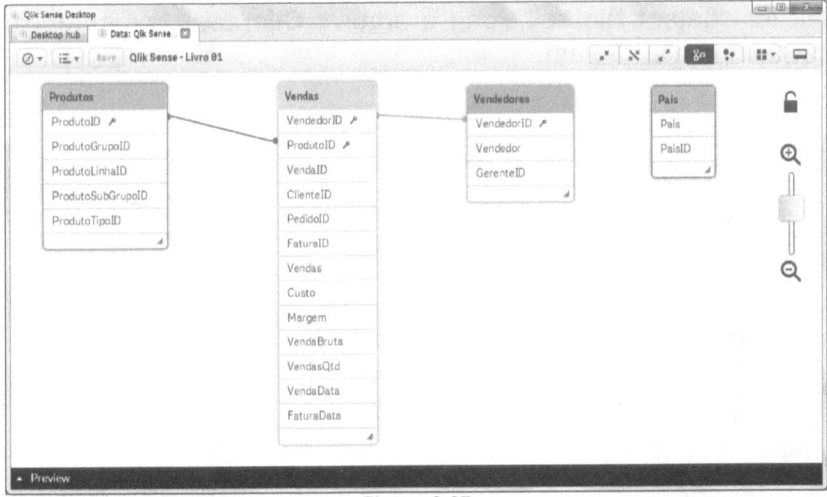

Figura 3.37

Adicionando ao App o Arquivo de Clientes

Carregue agora para o app o arquivo: **Clientes.xlsx**.

Mas antes de iniciar o processo de carga de dados vá a tela **Data load editor** e deixe o cursor do mouse logo abaixo do último script da seção **Dados**, conforme mostra a Figura 3.38, depois clique no botão **Select Data**.

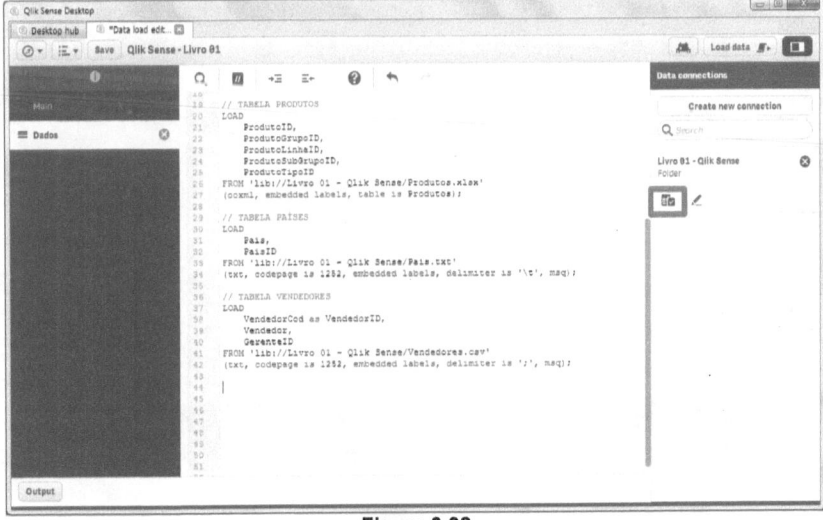

Figura 3.38

Na tela **Select file** selecione o arquivo **Clientes.xlsx** e depois clique no botão **Select**.

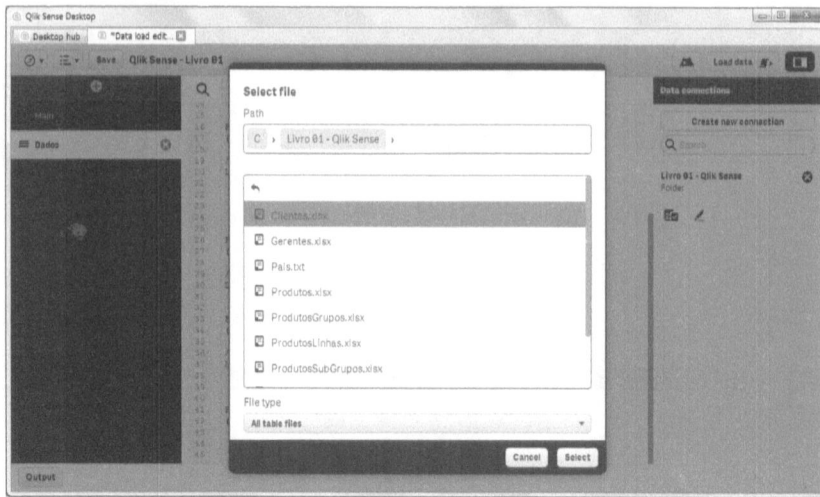

Figura 3.39

Verifique se o Qlik Sense Desktop já trouxe selecionado a opção **Embedded field names** em **Field names**. Observe na Figura 3.40 que as opções foram selecionadas corretamente. Em seguida clique no botão **Insert script**.

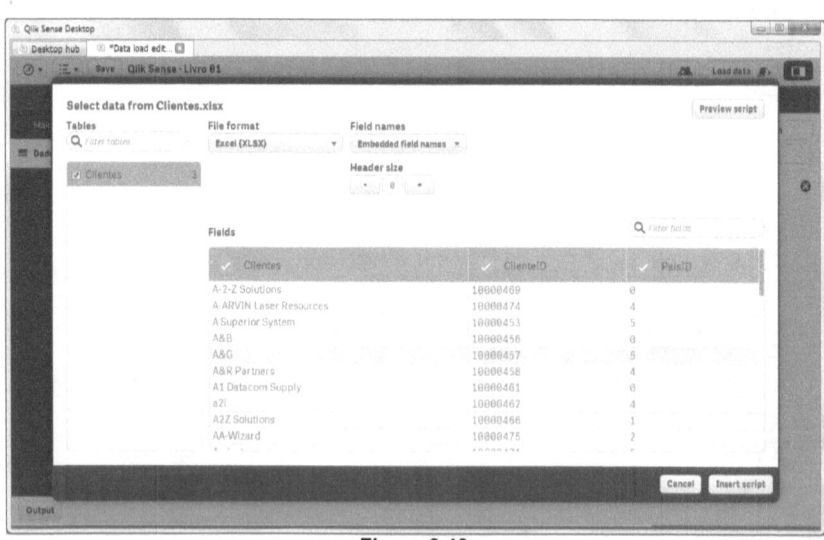

Figura 3.40

Depois de carregados os dados feche a tela de informação de carga. A sua tela deverá ficar igual a Figura 3.41.

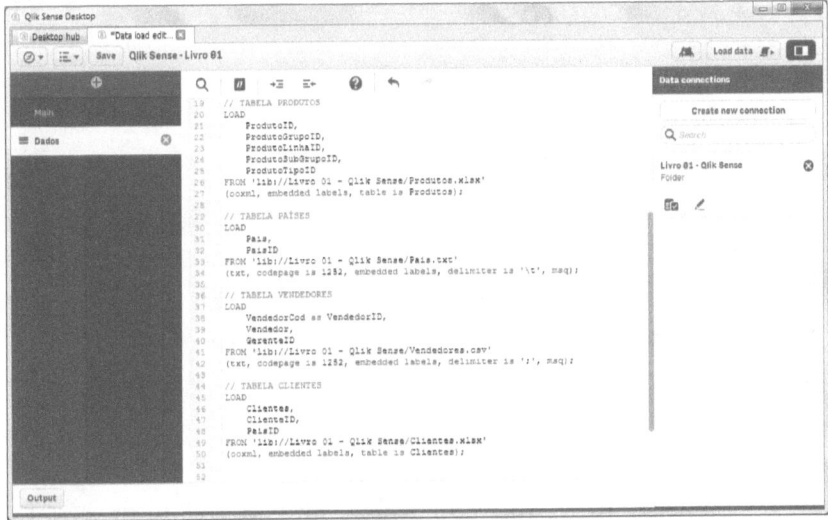

Figura 3.41

Visualizando o Script de Carga de Dados de Clientes

Verifique se o seu script de carga de dados está igual ao script a seguir:

// TABELA VENDAS
```
LOAD
    VendaID,
    VendedorID,
    ClienteID,
    PedidoID,
    FaturaID,
    ProdutoID,
    Vendas,
    Custo,
    Margem,
    VendaBruta,
    VendasQtd,
    VendaData,
    FaturaData
```

```
FROM 'lib://Livro 01 - Qlik Sense/Vendas.xlsx'
(ooxml, embedded labels, table is Vendas);
```

// TABELA PRODUTOS
```
LOAD
    ProdutoID,
    ProdutoGrupoID,
    ProdutoLinhaID,
    ProdutoSubGrupoID,
    ProdutoTipoID
FROM 'lib://Livro 01 - Qlik Sense/Produtos.xlsx'
(ooxml, embedded labels, table is Produtos);
```

// TABELA PAÍSES
```
LOAD
    Pais,
    PaisID
FROM 'lib://Livro 01 - Qlik Sense/Pais.txt'
(txt, codepage is 1252, embedded labels, delimiter is '\t',
msq);
```

// TABELA VENDEDORES
```
LOAD
    VendedorCod as VendedorID,
    Vendedor,
    GerenteID
FROM 'lib://Livro 01 - Qlik Sense/Vendedores.csv'
(txt, codepage is 1252, embedded labels, delimiter is ';',
msq);
```

// TABELA CLIENTES
```
LOAD
    Clientes,
    ClienteID,
    PaisID
FROM 'lib://Livro 01 - Qlik Sense/Clientes.xlsx'
(ooxml, embedded labels, table is Clientes);
```

Clique no botão **Save** caso tenha realizado alguma alteração no script.

Carregando para o App os Dados dos Clientes

Para carregar os dados dos Clientes para o seu app clique no botão **Load data** no próprio editor de scripts, logo após carregar todos os dados aparecerá a tela da Figura 3.42.

Observe que o Qlik Sense Desktop além de carregar a nova tabela de Clientes carregou também as tabelas de Vendas, Produtos, Países e Vendedores. Clique no botão **Close**.

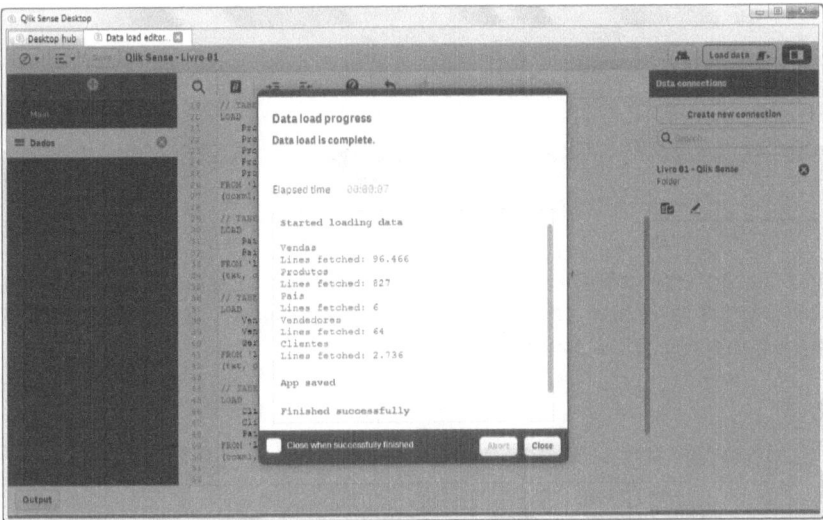

Figura 3.42

Visualizando o Novo Modelo de Dados do App

Vá ao menu **Navigation** e selecione a opção **Data model viewer**.

Veja na Figura 3.43 que agora há cinco tabelas. Podemos observar pelo modelo de dados que a tabela **Clientes** se relacionou automaticamente com a tabela **Vendas** e que a tabela **País**, antes sem relacionamento, está relacionada agora com a tabela **Clientes**.

Uma carga de dados e dois relacionamentos criados!

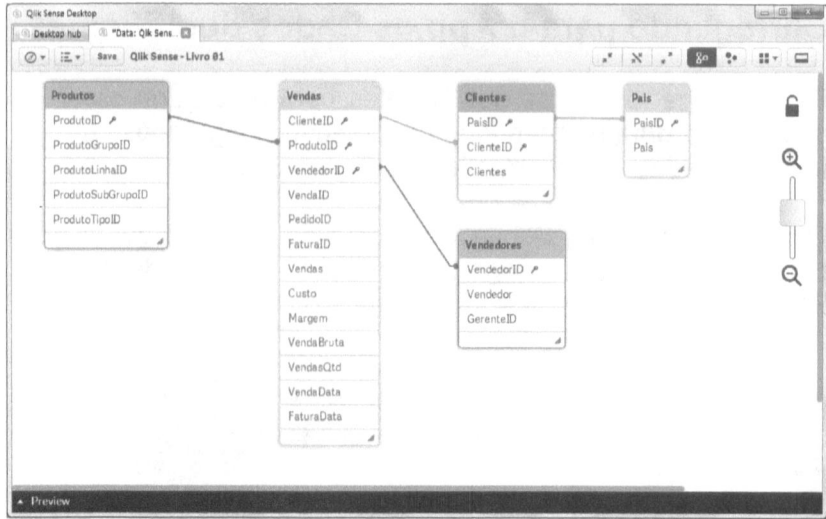
Figura 3.43

Aproveite este momento para conhecer as tabelas do projeto e os seus relacionamentos. Clique no botão **Save** antes de sair da tela **Data model viewer**.

Melhorando ainda mais o Modelo de Dados

Analisando o modelo de dados podemos observar que o nome da tabela **País** não está seguindo o mesmo padrão que as outras tabelas, ou seja, não está no plural.

Para ajustar a tabela **País** para que fique igual as outras vá ao **Data load editor**, selecione a seção **Dados** e logo após o comentário **// TABELA PAÍSES** digite o texto **Paises:** conforme o exemplo a seguir:

```
// TABELA PAÍSES
Paises:
LOAD
    Pais,
    PaisID
FROM 'lib://Livro 01 - Qlik Sense/Pais.txt'
(txt, codepage is 1252, embedded labels, delimiter is '\t', msq);
```

Agora faça o mesmo com as outras tabelas:

// TABELA VENDAS
```
Vendas:
LOAD
    VendaID,
    VendedorID,
    ClienteID,
    PedidoID,
    FaturaID,
    ProdutoID,
    Vendas,
    Custo,
    Margem,
    VendaBruta,
    VendasQtd,
    VendaData,
    FaturaData
FROM 'lib://Livro 01 - Qlik Sense/Vendas.xlsx'
(ooxml, embedded labels, table is Vendas);
```

// TABELA PRODUTOS
```
Produtos:
LOAD
    ProdutoID,
    ProdutoGrupoID,
    ProdutoLinhaID,
    ProdutoSubGrupoID,
    ProdutoTipoID
FROM 'lib://Livro 01 - Qlik Sense/Produtos.xlsx'
(ooxml, embedded labels, table is Produtos);
```

// TABELA VENDEDORES
```
Vendedores:
LOAD
    VendedorCod as VendedorID,
    Vendedor,
    GerenteID
FROM 'lib://Livro 01 - Qlik Sense/Vendedores.csv'
(txt, codepage is 1252, embedded labels, delimiter is ';',
msq);
```

// TABELA CLIENTES

```
Clientes:
LOAD
    Clientes,
    ClienteID,
    PaisID
FROM 'lib://Livro 01 - Qlik Sense/Clientes.xlsx'
(ooxml, embedded labels, table is Clientes);
```

A sua tela deverá ficar igual a Figura 3.44.

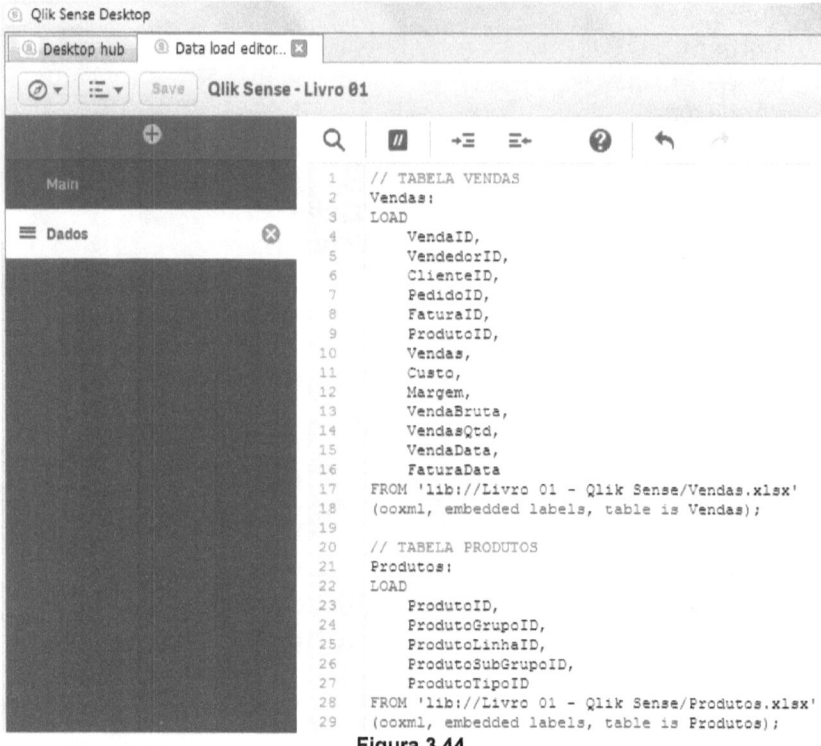

Figura 3.44

Depois de alterado o script clique no botão **Save**.

O que você acabou de fazer foi alterar o título das tabelas, sem precisar alterar o arquivo ou a base de dados original! Este recurso é muito útil na organização do script e na visualização do modelo de dados.

Para aplicar as alterações dos títulos das tabelas carregue novamente os dados para o Qlik Sense Desktop clicando no botão **Load data**.

Na tela **Data load progress** é possível conferir que a tabela **Pais** recebeu o título de **Paises**, observe na Figura 3.45 que as tabelas ficam do lado direito e os títulos do lado esquerdo, por exemplo: **Paises << Pais**.

Figura 3.45

Agora clique no botão **Close** e volte para a tela **Data model viewer**.

Conforme mostra o novo modelo de dados a tabela **Pais** recebeu o título de **Paises**, portanto a alteração foi realizada com sucesso!

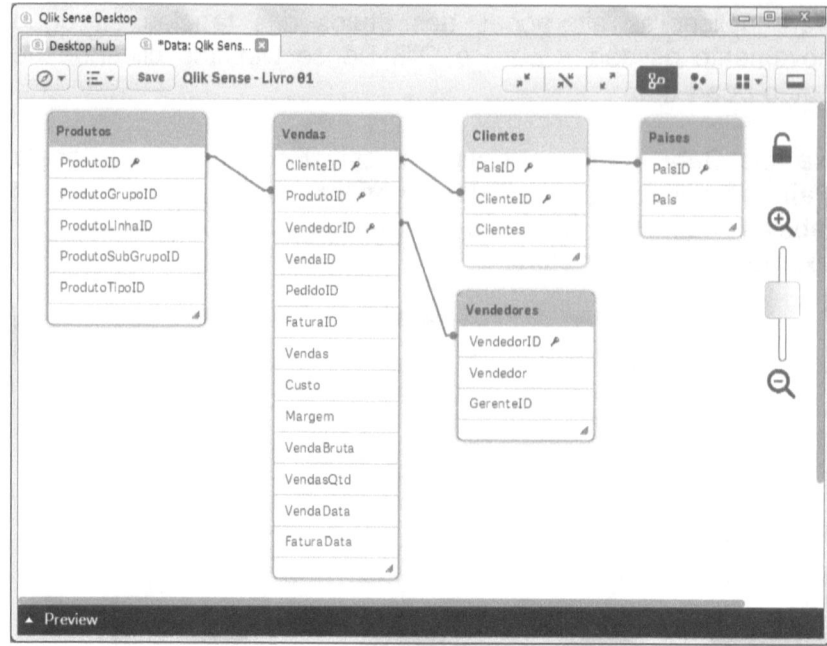

Figura 3.46

Adicionando ao App os Arquivos Auxiliares

Os próximos arquivos a serem carregados ao Qlik Sense Desktop serão:

1. Gerentes.xlsx
2. ProdutosGrupos.xlsx
3. ProdutosSubGrupos.xlsx
4. ProdutosLinhas.xlsx

Utilize tudo o que você aprendeu nesta parte do livro para carregar os quatro arquivos auxiliares. Para finalizar as quatro cargas você deverá:

- Carregar todos os arquivos para o app;
- Validar os scripts de carga de dados;
- Incluir comentários e os títulos das tabelas;
- Carregar para a memória os dados dos arquivos;
- Visualizar o modelo de dados final.

Verifique se o seu script de carga de dados ficou igual ao script a seguir:

// TABELA VENDAS
```
Vendas:
LOAD
    VendaID,
    VendedorID,
    ClienteID,
    PedidoID,
    FaturaID,
    ProdutoID,
    Vendas,
    Custo,
    Margem,
    VendaBruta,
    VendasQtd,
    VendaData,
    FaturaData
FROM 'lib://Livro 01 - Qlik Sense/Vendas.xlsx'
(ooxml, embedded labels, table is Vendas);
```

// TABELA PRODUTOS
```
Produtos:
LOAD
    ProdutoID,
    ProdutoGrupoID,
    ProdutoLinhaID,
    ProdutoSubGrupoID,
    ProdutoTipoID
FROM 'lib://Livro 01 - Qlik Sense/Produtos.xlsx'
(ooxml, embedded labels, table is Produtos);
```

// TABELA PAÍSES
```
Paises:
LOAD
    Pais,
    PaisID
FROM 'lib://Livro 01 - Qlik Sense/Pais.txt'
(txt, codepage is 1252, embedded labels, delimiter is '\t',
msq);
```

// TABELA VENDEDORES

```
Vendedores:
LOAD
    VendedorCod as VendedorID,
    Vendedor,
    GerenteID
FROM 'lib://Livro 01 - Qlik Sense/Vendedores.csv'
(txt, codepage is 1252, embedded labels, delimiter is ';',
msq);
```

// TABELA CLIENTES

```
Clientes:
LOAD
    Clientes,
    ClienteID,
    PaisID
FROM 'lib://Livro 01 - Qlik Sense/Clientes.xlsx'
(ooxml, embedded labels, table is Clientes);
```

// TABELA GERENTES

```
Gerentes:
LOAD
    GerenteID,
    Gerente
FROM 'lib://Livro 01 - Qlik Sense/Gerentes.xlsx'
(ooxml, embedded labels, table is Gerentes);
```

// TABELA PRODUTOS X GRUPOS

```
ProdutosGrupos:
LOAD
    ProdutoGrupoID,
    ProdutoGrupoDesc
FROM 'lib://Livro 01 - Qlik Sense/ProdutosGrupos.xlsx'
(ooxml, embedded labels, table is ProdutosGrupos);
```

// TABELA PRODUTOS X SUBGRUPOS

```
ProdutosSubGrupos:
LOAD
    ProdutoSubGrupoID,
    ProdutoSubGrupoDesc
FROM 'lib://Livro 01 - Qlik Sense/ProdutosSubGrupos.xlsx'
(ooxml, embedded labels, table is ProdutosSubGrupos);
```

// TABELA PRODUTOS X LINHAS
ProdutosLinhas:
LOAD
   ProdutoLinhaID,
   ProdutoLinhaDesc
FROM 'lib://Livro 01 - Qlik Sense/ProdutosLinhas.xlsx'
(ooxml, embedded labels, table is ProdutosLinhas);

// TABELA PRODUTOS X TIPOS
ProdutosTipos:
LOAD
   ProdutoTipoID,
   ProdutoTipoDesc
FROM 'lib://Livro 01 - Qlik Sense/ProdutosTipos.xlsx'
(ooxml, embedded labels, table is ProdutosTipos);

A sua tela de carga de dados deverá ficar igual a Figura 3.47.

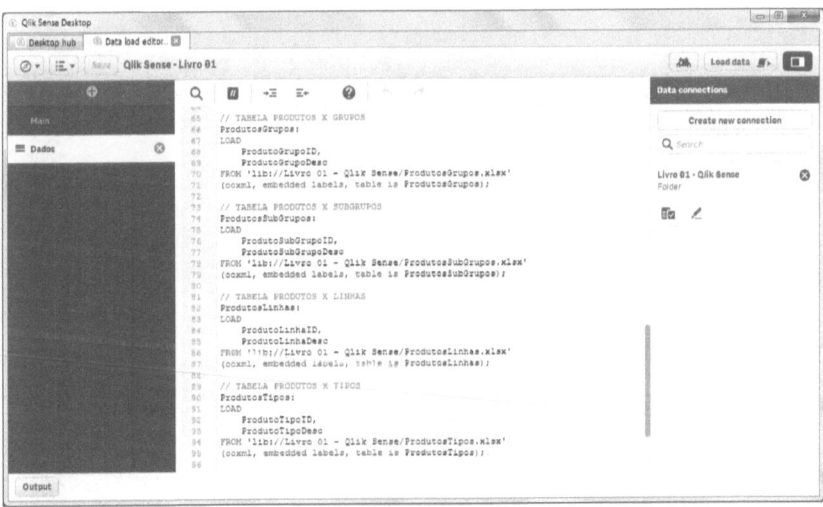

Figura 3.47

E o seu modelo de dados igual a Figura 3.48.

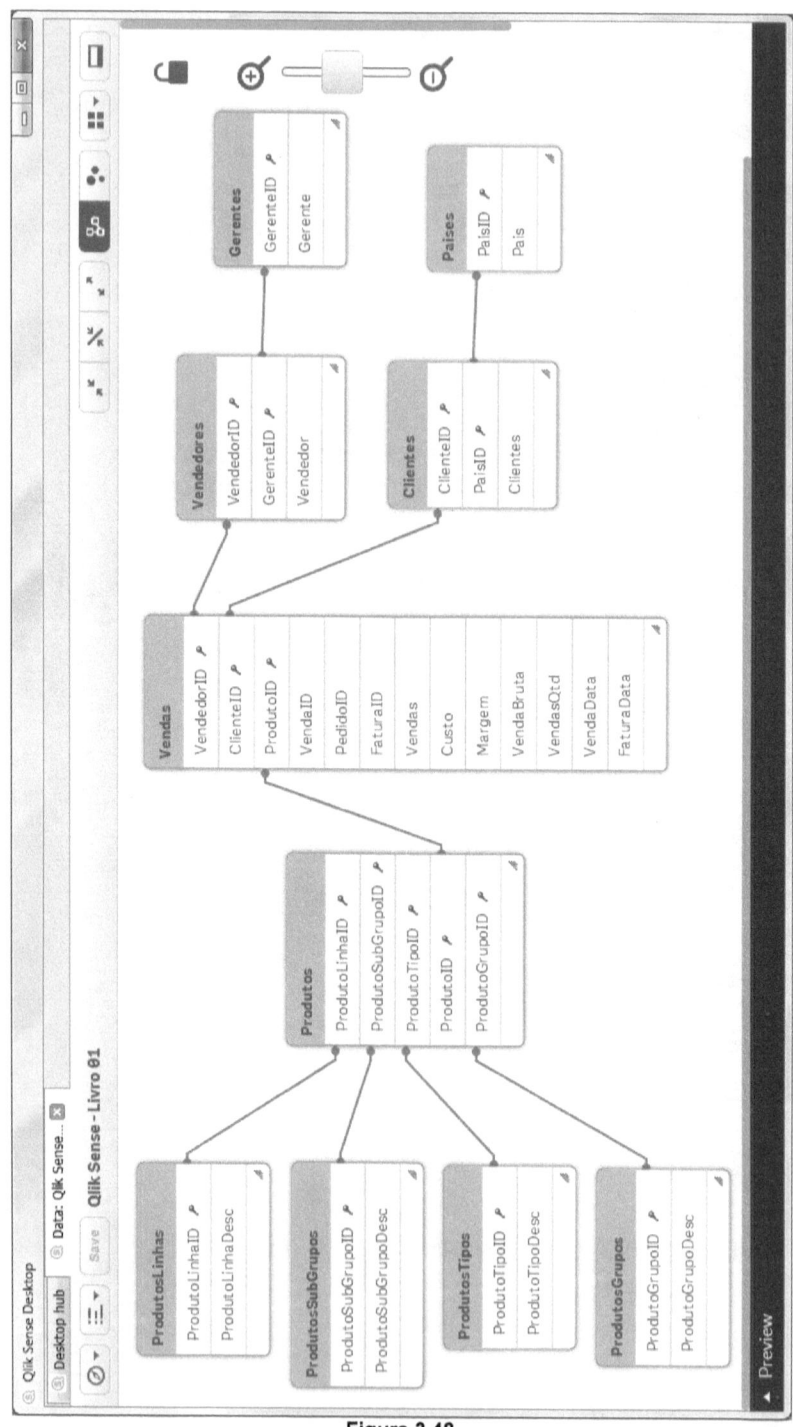

Figura 3.48

80

CAPÍTULO 4

A MÁGICA

Introdução

Agora é a hora de criar as visualizações, que é a parte gráfica do app. Aqui é onde a mágica realmente acontece, portanto nesta parte do livro você aprenderá a:

- Criar dashboards e visualizações;
- Criar filtros de pesquisa, gráficos, tabelas e mapas no Qlik Sense Desktop;
- Criar medidas, dimensões e expressões.

Criando os Dashboards (Sheets)

Você já carregou os dados para o app e criou os relacionamentos entre as tabelas, portanto agora é hora de criar as visualizações dos dados.

Na tela **App overview** clique em **Create new sheet**, observe a Figura 4.1. Dê o nome para o primeiro dashboard como **Principal**, Figura 4.2. Crie dois outros dashboards como **Clientes** e **Produtos**.

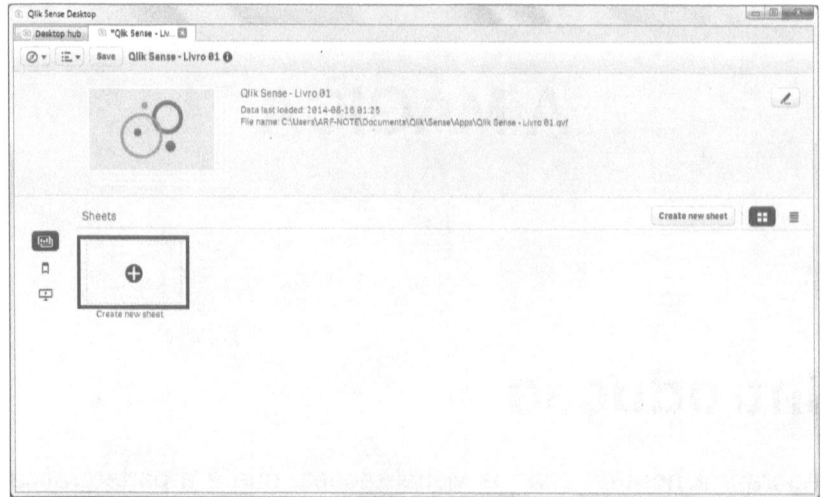

Figura 4.1

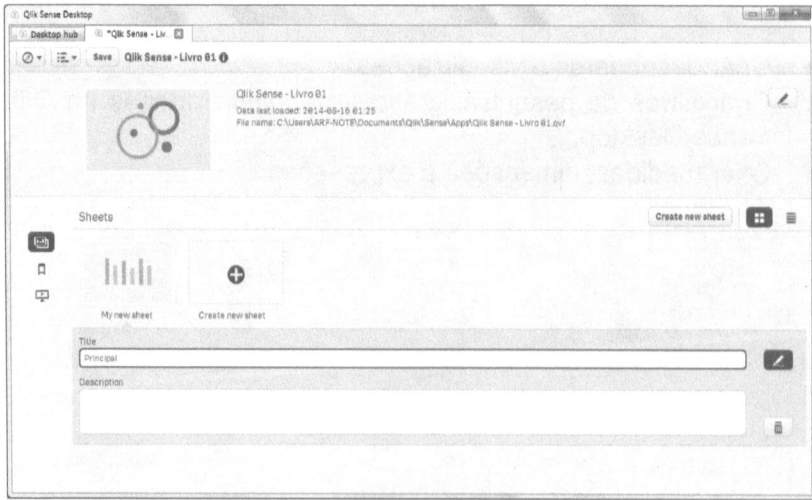

Figura 4.2

Depois de criar os três dashboards clique em **Save**, o app deverá ficar igual a Figura 4.3.

Figura 4.3

O Dashboard Principal

O propósito do dashboard Principal (Figura 4.4) é dar ao usuário uma rápida visão dos principais indicadores da empresa.

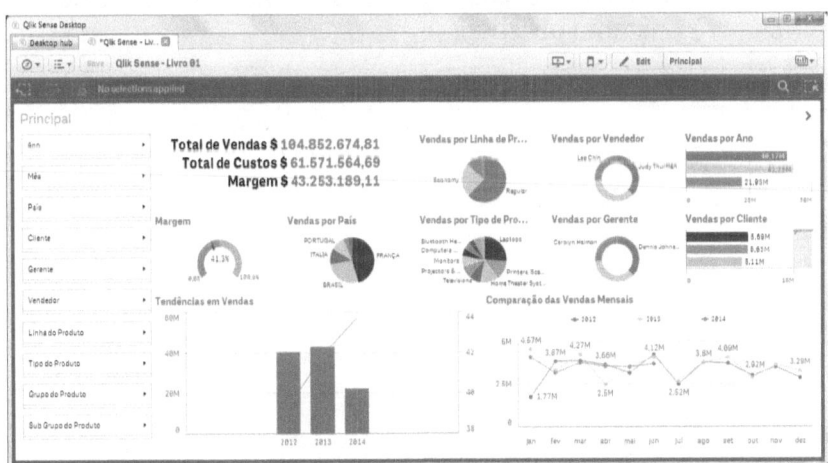

Figura 4.4

Criando as Visualizações

Para iniciar clique no dashboard **Principal** da tela **App overview**. Após a tela aberta clique no botão **Edit**, observe a seta na Figura 4.5.

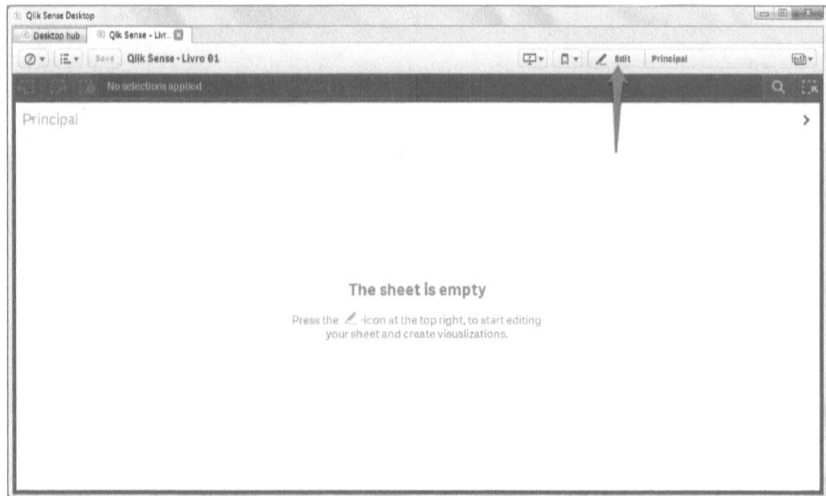

Figura 4.5

A tela de edição do dashboard Principal será aberta. No painel à esquerda (**Painel de Ativos**) há três abas: **Charts**, **Fields** e **Master items**. Durante a criação dos dashboards o painel de ativos será bastante utilizado.

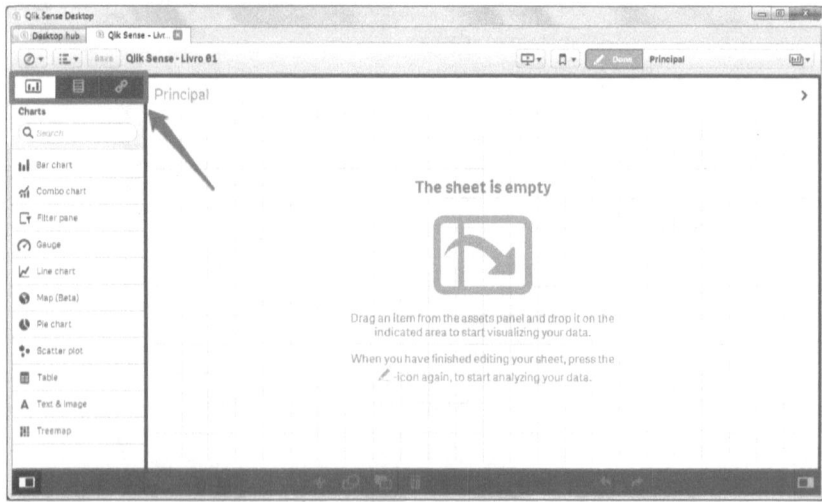

Figura 4.6

O primeiro item que você criará no dashboard Principal será o filtro de pesquisa, para isso siga os passos a seguir:

1. Arraste o item **Filter pane** para o dashboard. **Filter pane** se encontra na aba **Charts**.

2. Clique em **Add dimension** e procure pelo campo **Ano**.

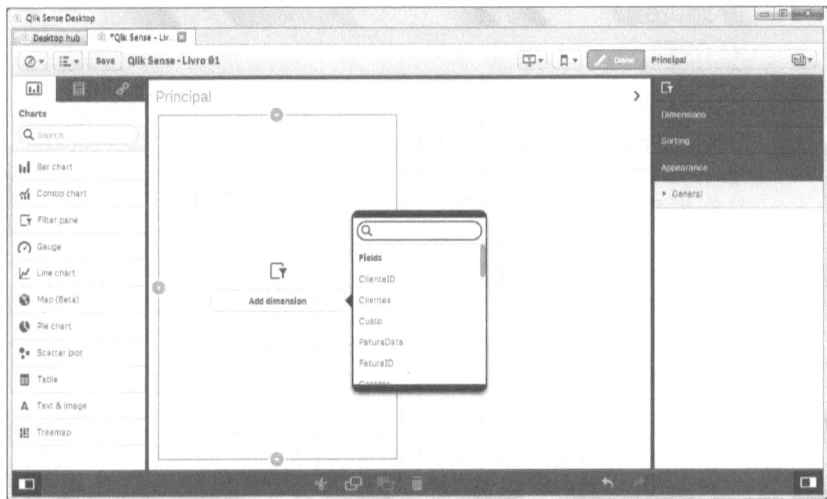

Figura 4.7

3. Como observou não existe nenhum campo **Ano** no modelo de dados! Como não existe o campo você deverá criá-lo. Clique em **Save** e depois vá para a tela **Data load editor**.

4. Na seção **Dados** da tela **Data load editor** encontre o script de carga de dados da tabela **Vendas**, após o campo **VendaData** inclua as linhas **Year(VendaData) as Ano,** e **Month(VendaData) as Mes**. Já que está incluindo o campo Ano inclua também o campo Mês.

5. Clique em **Save** e depois no botão **Load data**.

6. O script de carga de dados da tabela **Vendas** deverá ficar igual ao script a seguir:

```
// TABELA VENDAS
Vendas:
LOAD
  VendaID,
  VendedorID,
  ClienteID,
  PedidoID,
  FaturaID,
  ProdutoID,
  Vendas,
  Custo,
  Margem,
  VendaBruta,
  VendasQtd,
  VendaData,
  Year(VendaData) as Ano,
  Month(VendaData) as Mes,
  FaturaData
FROM 'lib://Livro 01 - Qlik Sense/Vendas.xlsx'
(ooxml, embedded labels, table is Vendas);
```

7. Vá agora a tela **Data model viewer** e observe que a tabela **Vendas** possui dois novos campos: **Ano** e **Mes**.

8. Volte ao dashboard **Principal** e clique em **Add dimension** e procure pelo campo **Ano**.

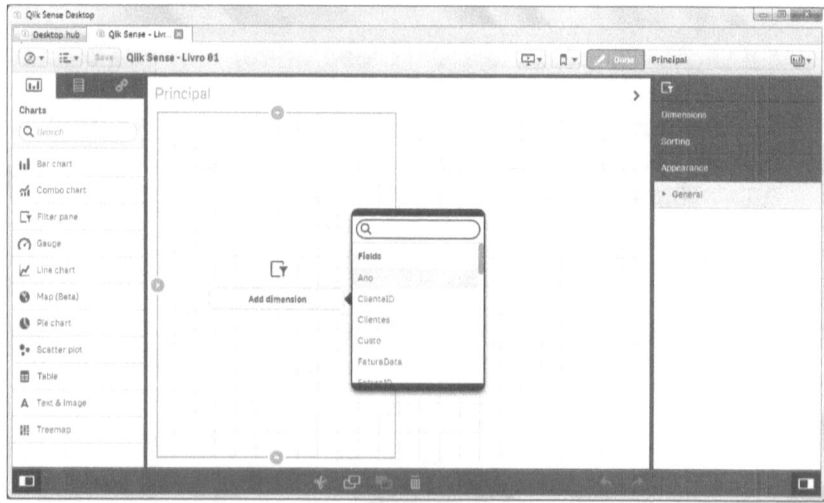

Figura 4.8

9. Observe na Figura 4.9 que os **Anos** foram incluídos no filtro de pesquisa.

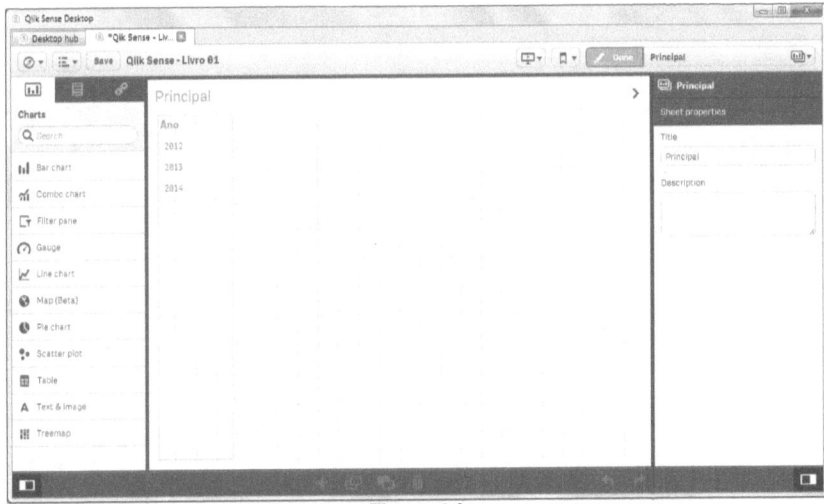

Figura 4.9

10. Na aba **Fields** escolha o campo **Mes** e o arraste para o **Filter pane**. Observe agora que os meses foram adicionados abaixo de Ano.

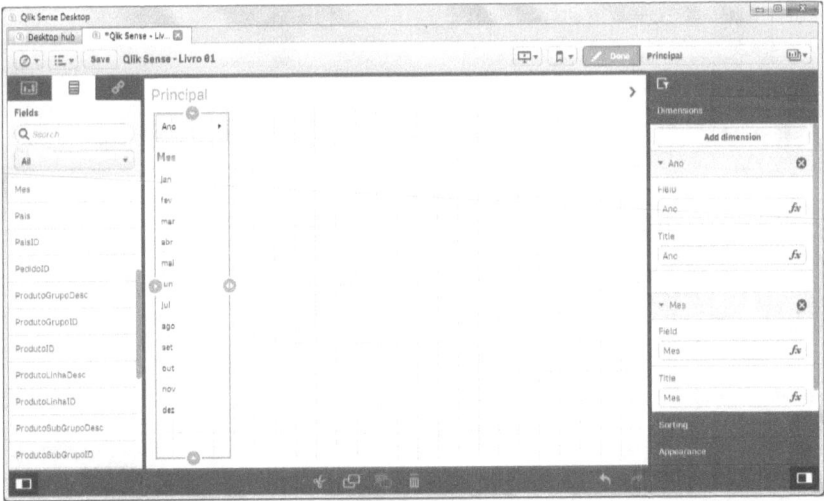

Figura 4.10

11. Na aba **Fields** escolha o campo **País** e o arraste para o **Filter pane**. Observe agora que os países foram adicionados abaixo de Mês.

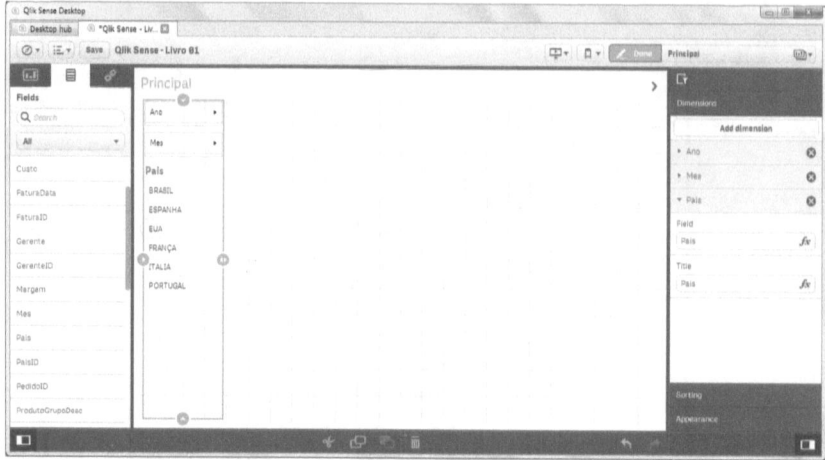

Figura 4.11

12. Faça a mesma coisa para os campos **Clientes**, **Gerente** e **Vendedor**. Na aba **Fields** escolha os campos e arraste-os para o **Filter pane**. Observe na Figura 4.12 como todos os campos foram adicionados ao **Filter pane**. Ajuste o seu **Filter pane** para que fique igual a figura.

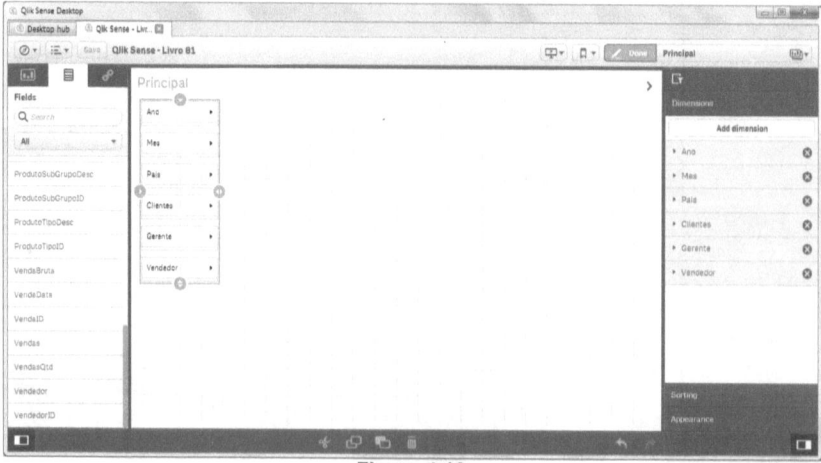

Figura 4.12

13. Selecione o filtro de pesquisa que acabou de criar. Na parte direita da tela, chamada de propriedades, selecione **Dimensions** e depois no item **Mes**, altere o campo **Title** para **Mês**. Em **Pais** altere o campo **Title** para **País**. Em **Clientes** altere o campo **Title** para **Cliente**. Verifique no filtro de pesquisa que os textos dos campos mudaram e ficaram muito melhor visualmente!

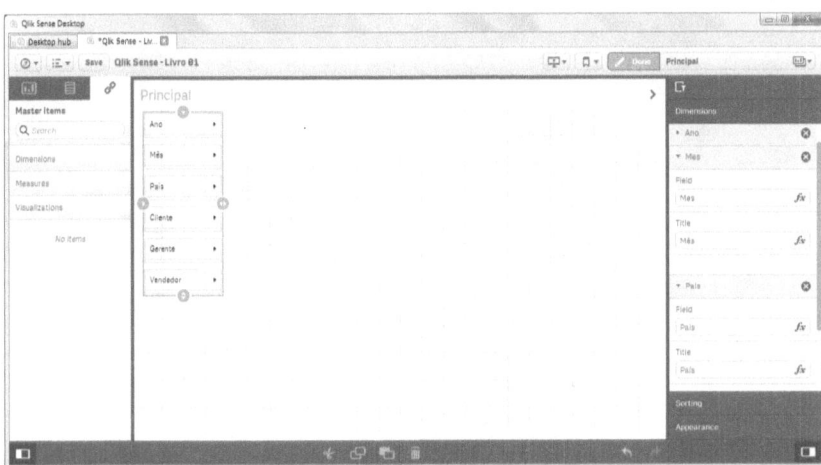

Figura 4.13

14. Clique com o botão direito do mouse em seu **Filter pane** e selecione **Add to master items**, no campo **Name** escreva **Filtros Principais**, depois clique no botão **Add**.

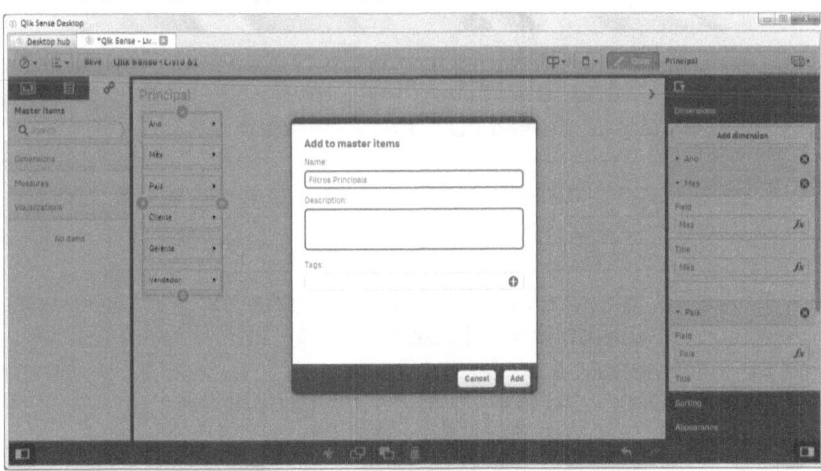

Figura 4.14

15. Clique no botão **Save**.

Até o momento você criou o primeiro filtro de pesquisa do app e o salvou em **Master Items / Visualizations** para que possa ser reutilizado futuramente. Veja na Figura 4.15 o filtro de pesquisa **Filtros Principais** incluído na aba **Master Items**.

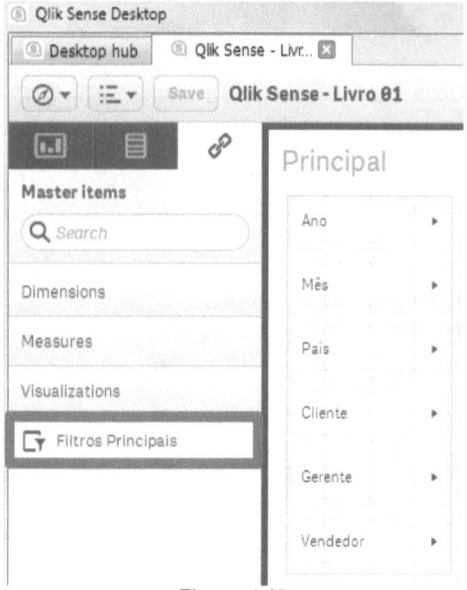

Figura 4.15

Para incluir o segundo filtro de pesquisa no dashboard Principal siga os passos a seguir:

1. Na aba **Charts** escolha **Filter pane** e o arraste para o dashboard logo abaixo do **Filtro Principal**.

2. Clique em **Add dimension** e selecione o campo **ProdutoLinhaDesc**.

3. Na parte da direita da tela, chamada de propriedades, selecione **Dimension**, clique em **Add dimension** e adicione os seguintes campos: **ProdutoTipoDesc**, **ProdutoGrupoDesc** e **ProdutoSubGrupoDesc**.Verifique na Figura 4.16 como o filtro de pesquisa deve ficar.

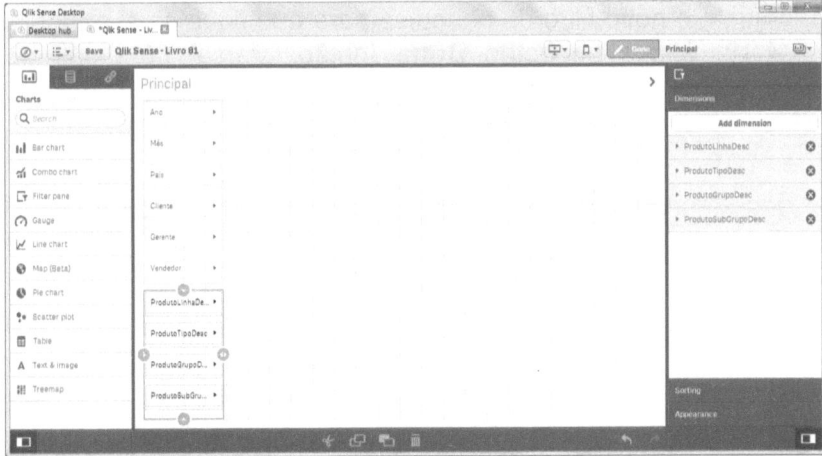

Figura 4.16

4. Selecione o filtro de pesquisa que acabou de criar. Na parte direita da tela, chamada de propriedades, selecione **Dimensions** e depois no item **ProdutoLinhaDesc**, altere o campo **Title** para **Linha do Produto**. Em **ProdutoTipoDesc** altere o campo **Title** para **Tipo do Produto**. Em **ProdutoGrupoDesc** altere o campo **Title** para **Grupo do Produto**. E em **ProdutoSubGrupoDesc** altere o campo **Title** para **Sub Grupo do Produto**.

5. Clique com o botão direito no filtro e selecione **Add to master items**. Dê o nome de **Filtro de Produtos**.

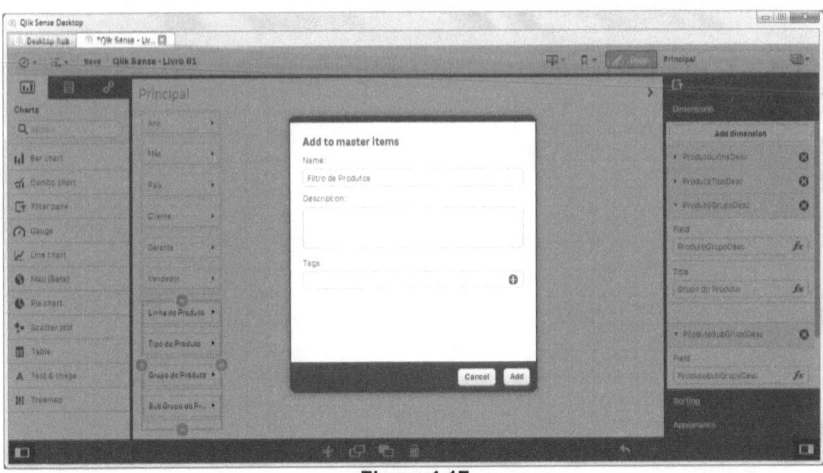

Figura 4.17

91

6. Ajuste o novo filtro de pesquisa para que fique igual a Figura 4.18. Clique no botão **Done** (botão laranja) para sair do modo de edição, para voltar clique no botão **Edit**.

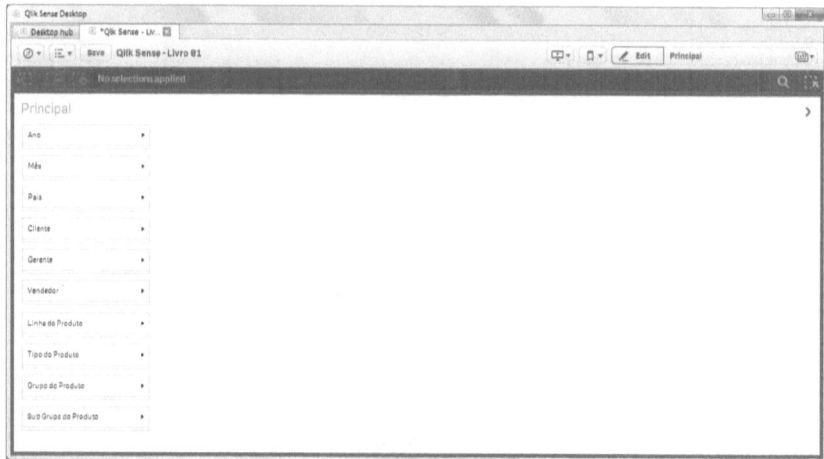

Figura 4.18

7. Após realizar todos os ajustes clique em **Save** para salvar o aplicativo.

Criando o Gráfico de Pizza: Vendas por País

Para criar o gráfico de pizza **Vendas por País** no Dashboard Principal faça o seguinte:

1. Na aba **Charts** arraste o item **Pie chart** para o Dashboard.

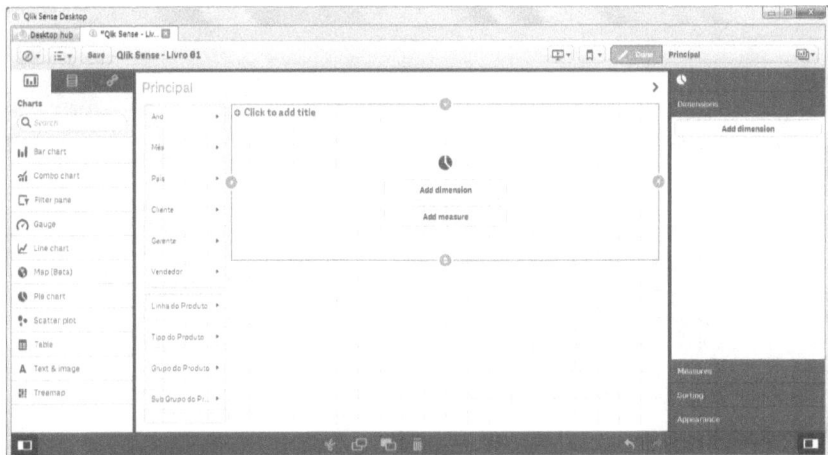

Figura 4.19

2. Clique em **Add dimension** e selecione o campo **Pais**.

Figura 4.20

3. Como utilizará a medida **Vendas** em vários gráficos do aplicativo seria conveniente transformá-lo em um item reutilizável, para isso vá à aba **Fields** e selecione o campo **Vendas**, clique com o botão direito do mouse e selecione **Add to master items > As measure**.

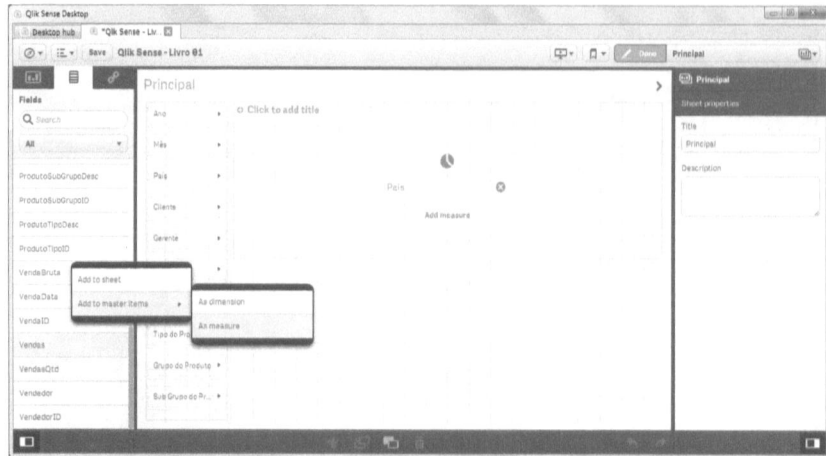

Figura 4.21

4. Na tela **Create new measure**, digite **Sum(Vendas)** no campo **Expression**, depois clique em **Create**. A medida criada será adicionada em **Master item**.

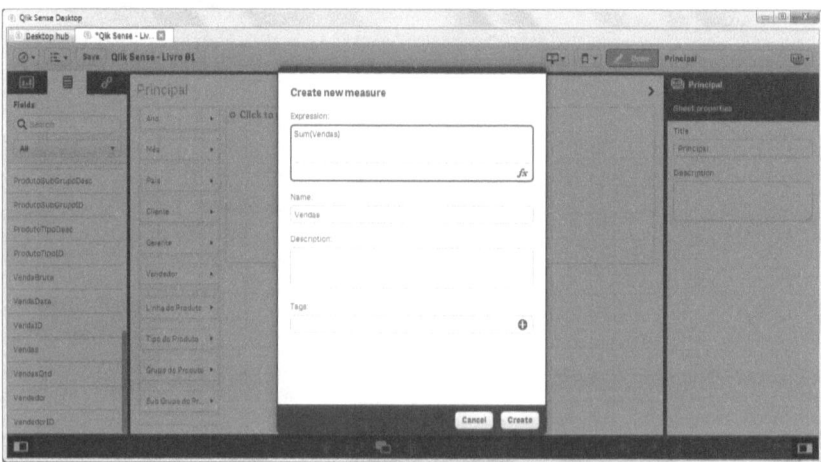

Figura 4.22

5. Vá à aba **Master items / Measures** e arraste a medida **Vendas** que acabou de criar para dentro do gráfico de pizza. Automaticamente o Qlik Sense Desktop criará o gráfico, observe a Figura 4.23.

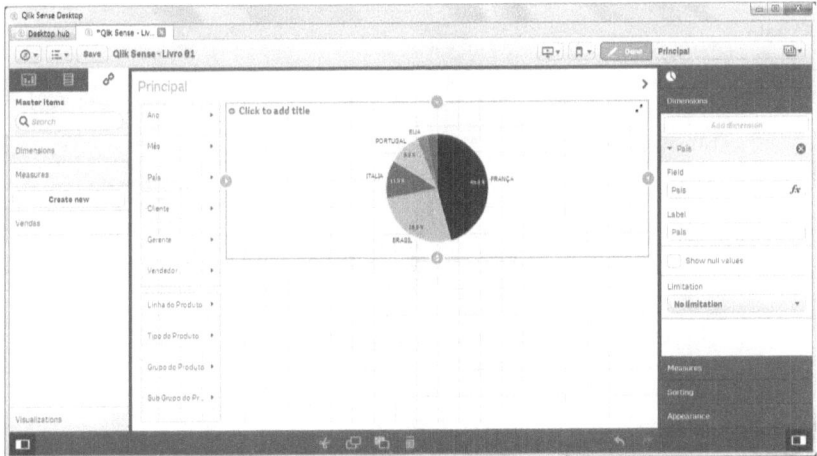

Figura 4.23

6. Clique em **Click to add title** logo acima do gráfico e adicione o título **Vendas por País**.

7. Clique em **Save** para salvar o Dashboard Principal.

Configurando o Gráfico: Vendas por País

Você acabou de criar o primeiro gráfico do app, agora irá configurá-lo para que tenha uma melhor apresentação, para isso faça o seguinte:

1. Maximize o gráfico conforme a Figura 4.24.

2. Ao clicar no gráfico **Vendas por País** aparecerá do lado direito da tela as propriedades do gráfico de pizza.

3. Em **Appearance / Presentation** deixe a propriedade **Dimension label** como **Off**.

95

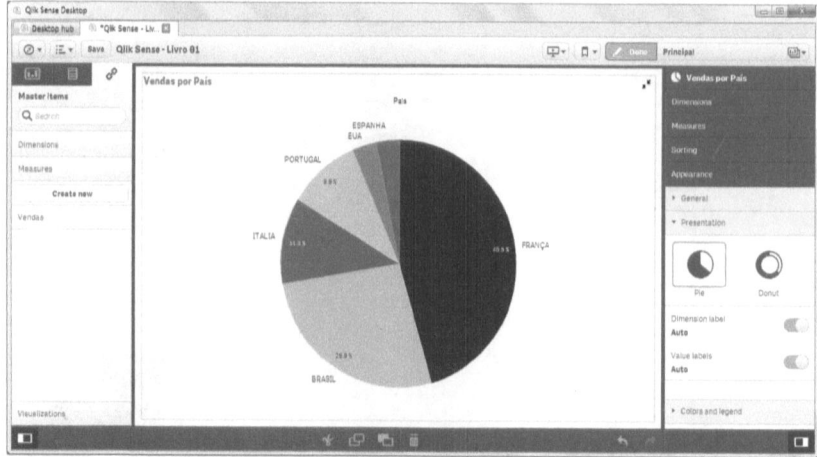

Figura 4.24

4. Em **Appearance / Colors and legend** deixe a propriedade **Colors** como **Custom** e depois escolha **By dimension** no combo de seleção.

5. Em **Appearance / Colors and legend** deixe a propriedade **Show legend** como **Off.**

6. Minimize o gráfico e o ajuste para que fique igual a Figura 4.25. Depois clique em **Save**.

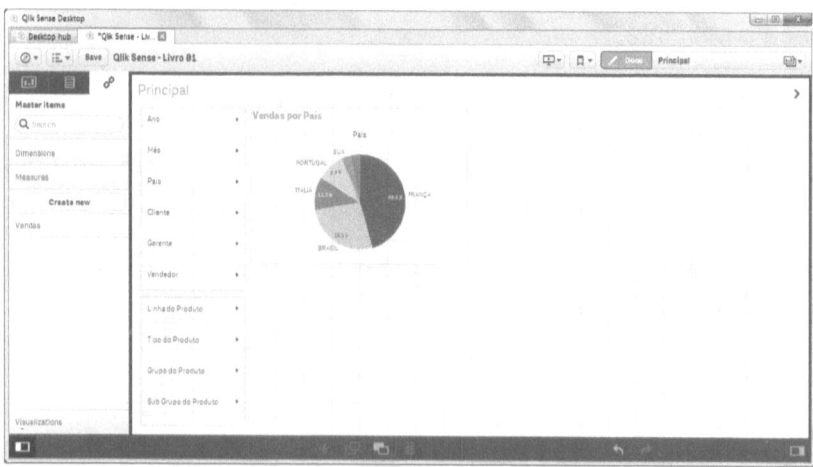

Figura 4.25

Criando o Gráfico de Pizza: Vendas por Linha de Produto

Para criar o segundo gráfico de pizza chamado **Vendas por Linha de Produto** faça o seguinte:

1. Na aba **Charts** arraste o item **Pie chart** para o Dashboard, ao lado de **Vendas por País**.

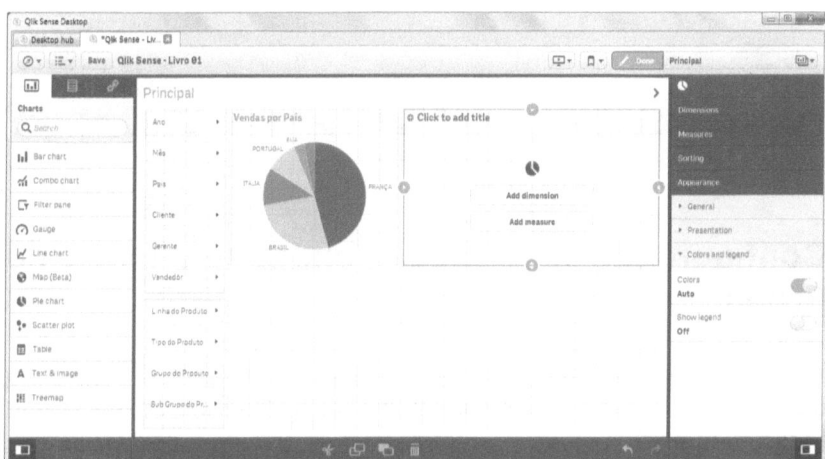

Figura 4.26

2. Clique em **Add dimension** e selecione o campo **ProdutoLinhaDesc**.

3. Vá à aba **Master items / Measures** e arraste a medida **Vendas** para dentro do gráfico de pizza. Automaticamente o Qlik Sense Desktop criará o gráfico.

4. Clique em **Click to add title** logo acima do gráfico e adicione o título **Vendas por Linha de Produto**.

5. Clique em **Save** para salvar o Dashboard Principal.

6. O seu gráfico deverá ficar igual ao gráfico da Figura 4.27.

Figura 4.27

Configurando o Gráfico: Vendas por Linha de Produto

Você acabou de criar o segundo gráfico de pizza, agora irá configurá-lo para que tenha uma melhor apresentação, para isso faça o seguinte:

1. Maximize o gráfico.

2. Ao clicar no gráfico **Vendas por Linha de Produto** aparecerá do lado direito da tela as propriedades do gráfico de pizza.

3. Em **Appearance / Presentation** deixe a propriedade **Dimension label** como **Off**.

4. Em **Appearance / Presentation** deixe a propriedade **Value labels** como **Custom** e depois escolha **Values** no combo de seleção.

5. Em **Appearance / Colors and legend** deixe a propriedade **Colors** como **Custom** e depois escolha **By dimension** no combo de seleção.

6. Em **Appearance / Colors and legend** deixe a propriedade **Show legend** como **Off**.

7. Minimize o gráfico e o ajuste para que fique igual a Figura 4.28. Depois clique em **Save**.

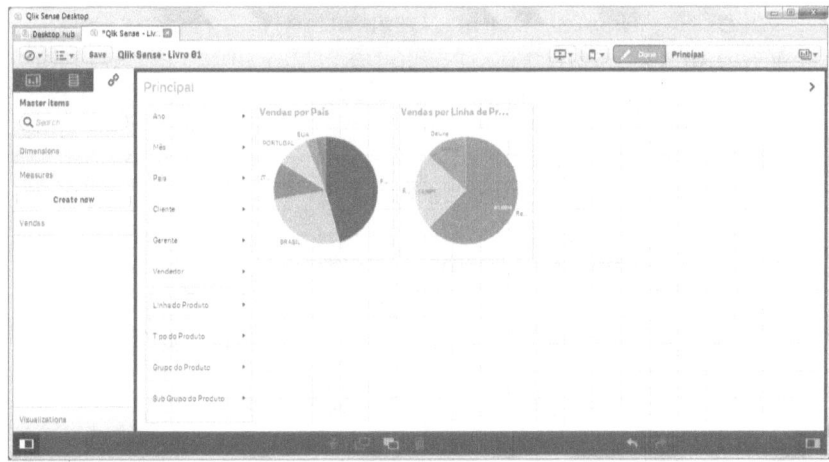

Figura 4.28

Criando o Gráfico de Pizza: Vendas por Tipo de Produto

Para criar o terceiro gráfico de pizza chamado **Vendas por Tipo de Produto** siga os seguintes passos:

1. Na aba **Charts** arraste o item **Pie chart** para o Dashboard, ao lado de **Vendas por Linha de Produto**.

Figura 4.29

2. Clique em **Add dimension** e selecione o campo **ProdutoTipoDesc**.

3. Vá à aba **Master items / Measures** e arraste a medida **Vendas** para dentro do gráfico de pizza. Automaticamente o Qlik Sense Desktop criará o gráfico.

4. Clique em **Click to add title** logo acima do gráfico e adicione o título **Vendas por Tipo de Produto**.

5. Clique em **Save** para salvar o Dashboard Principal.

6. O seu gráfico deverá ficar igual ao gráfico da Figura 4.30.

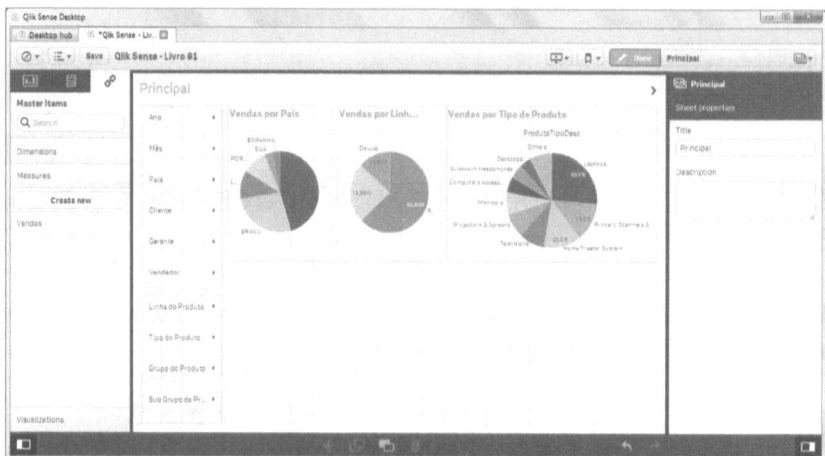

Figura 4.30

Configurando o Gráfico: Vendas por Tipo de Produto

Você acabou de criar o terceiro gráfico de pizza, agora irá configurá-lo para que tenha uma melhor apresentação, para isso faça o seguinte:

1. Maximize o gráfico.

2. Ao clicar no gráfico **Vendas por Tipo de Produto** aparecerá do lado direito da tela as propriedades do gráfico de pizza.

3. Em **Appearance / Presentation** deixe a propriedade **Dimension label** como **Off**.

4. Em **Appearance / Presentation** deixe a propriedade **Value labels** como **Custom** e depois escolha **Values** no combo de seleção.

5. Em **Appearance / Colors and legend** deixe a propriedade **Colors** como **Custom** e depois escolha **By dimension** no combo de seleção.

6. Em **Appearance / Colors and legend** deixe a propriedade **Show legend** como **Off**.

7. Minimize o gráfico e o ajuste para que fique igual a Figura 4.31. Depois clique em **Save**.

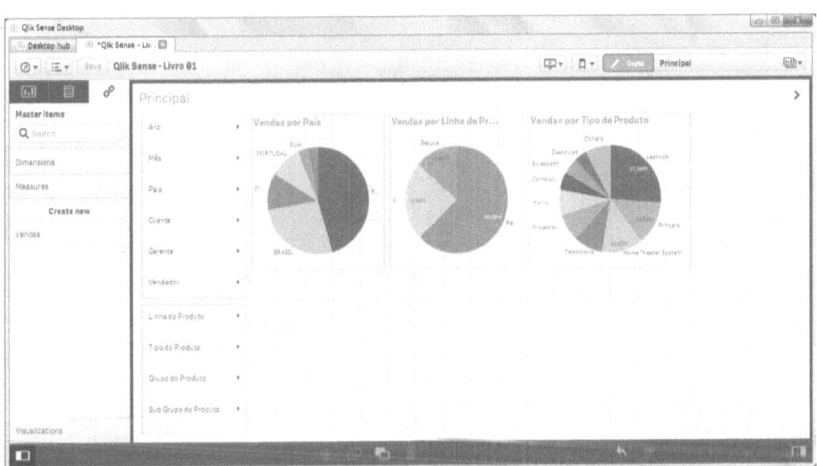

Figura 4.31

Criando o Gráfico de Pizza: Vendas por Vendedor

Para criar o quarto gráfico chamado **Vendas por Vendedor** faça o seguinte:

1. Na aba **Charts** arraste o item **Pie chart** para o Dashboard, ao lado de **Vendas por Tipo de Produto**.

2. Clique em **Add dimension** e selecione o campo **Vendedor**.

3. Vá à aba **Master items / Measures** e arraste a medida **Vendas** para dentro do gráfico de pizza.

4. Clique em **Click to add title** logo acima do gráfico e adicione o título **Vendas por Vendedor**.

5. Clique em **Save** para salvar o Dashboard Principal.

6. O seu gráfico deverá ficar igual ao gráfico da Figura 4.32.

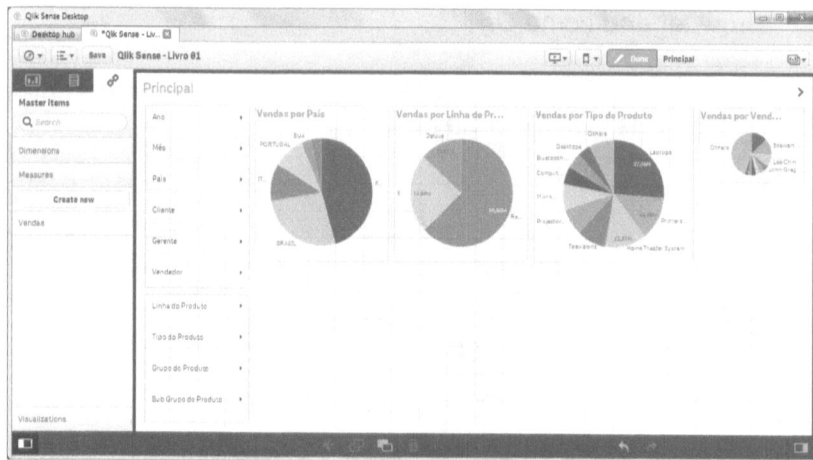

Figura 4.32

Configurando o Gráfico: Vendas por Vendedor

Você acabou de criar o quarto gráfico de pizza, agora irá configurá-lo para que tenha uma melhor apresentação, para isso siga os seguintes passos:

1. Maximize o gráfico para visualizar melhor as alterações.

2. Ao clicar no gráfico **Vendas por Vendedor** aparecerá do lado direito da tela as propriedades do gráfico de pizza.

3. Em **Dimensions / Vendedor** desmarque a opção **Show null values**. Em **Limitation** escolha **Fixed number** e no campo de texto digite o número **3**. Logo abaixo desmarque a opção

Show others. O que você acabou de fazer foi limitar o gráfico para que mostre apenas os 3 melhores vendedores.

4. Em **Appearance / Presentation** mude o tipo do gráfico para **Donut**.

5. Em **Appearance / Presentation** deixe a propriedade **Dimension label** como **Off**.

6. Em **Appearance / Presentation** deixe a propriedade **Value labels** como **Custom** e depois escolha **Values** no combo de seleção.

7. Em **Appearance / Colors and legend** deixe a propriedade **Colors** como **Custom** e depois escolha **By dimension** no combo de seleção.

8. Em **Appearance / Colors and legend** deixe a propriedade **Show legend** como **Off.**

9. Minimize o gráfico e o ajuste para que fique igual a Figura 4.33. Depois clique em **Save**.

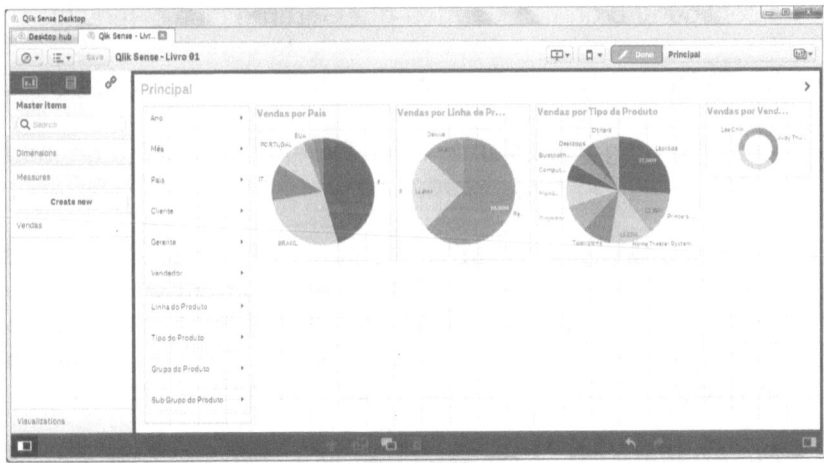

Figura 4.33

Criando o Gráfico de Pizza: Vendas por Gerente

Para criar o quinto e último gráfico de pizza chamado **Vendas por Gerente** execute os seguintes passos:

1. Na aba **Charts** arraste o item **Pie chart** para o Dashboard, abaixo de **Vendas por Vendedor**.

2. Clique em **Add dimension** e selecione o campo **Gerente**.

3. Vá à aba **Master items / Measures** e arraste a medida **Vendas** para dentro do gráfico de pizza.

4. Clique em **Click to add title** logo acima do gráfico e adicione o título **Vendas por Gerente**.

5. Clique em **Save** para salvar o Dashboard Principal.

Configurando o Gráfico: Vendas por Gerente

Para configurar o gráfico **Vendas por Gerente** faça o seguinte:

1. Maximize o gráfico para visualizar melhor as alterações.

2. Ao clicar no gráfico **Vendas por Gerente** aparecerá do lado direito da tela as propriedades do gráfico de pizza.

3. Em **Dimensions / Gerente** desmarque a opção **Show null values**. Em **Limitation** escolha **Fixed number** e no campo de texto digite o número **3**. Logo abaixo desmarque a opção **Show others**. O que você acabou de fazer foi limitar o gráfico para que mostre apenas os 3 melhores gerentes.

4. Em **Appearance / Presentation** mude o tipo do gráfico para **Donut**.

5. Em **Appearance / Presentation** deixe a propriedade **Dimension label** como **Off**.

6. Em **Appearance / Presentation** deixe a propriedade **Value labels** como **Custom** e depois escolha **Values** no combo de seleção.

7. Em **Appearance / Colors and legend** deixe a propriedade **Colors** como **Custom** e depois escolha **By dimension** no combo de seleção.

8. Em **Appearance / Colors and legend** deixe a propriedade **Show legend** como **Off.**

9. Minimize o gráfico e o ajuste para que fique igual a Figura 4.34. Depois clique em **Save**.

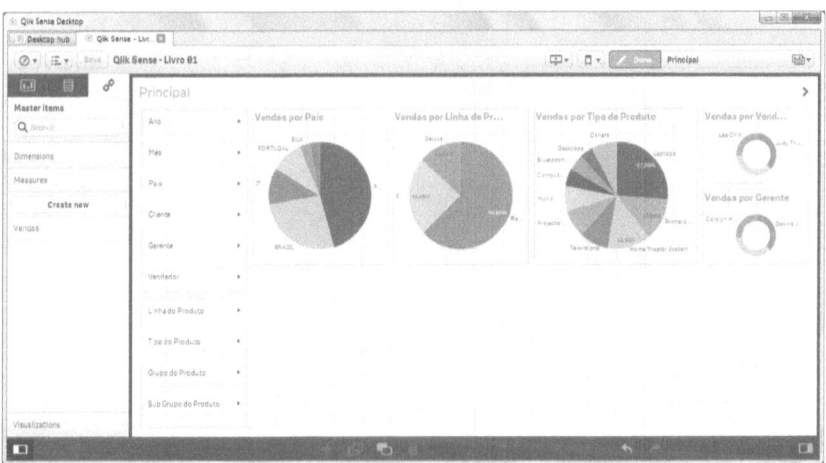

Figura 4.34

Criando o Gráfico de Barras: Vendas por Ano

O próximo gráfico a ser incluído no Dashboard será o gráfico de barras. Para criar o gráfico de barras **Vendas por Ano** siga os passos de 1 a 7:

1. Na aba **Charts** arraste o item **Bar chart** para o Dashboard Principal.

2. Clique em **Add dimension** e selecione o campo **Ano**.

3. Clique em **Add measure** e em **Measures** selecione **Vendas**.

4. Clique com o botão direito do mouse no gráfico de barras que é criado pelo Qlik Sense Desktop e selecione **Flip**. Ao selecionar **Flip** as barras serão mostradas horizontalmente.

5. Clique em **Click to add title** logo acima do gráfico e adicione o título **Vendas por Ano**.

6. Clique em **Save** para salvar o Dashboard Principal.

7. O seu gráfico de barras deverá ficar igual ao da Figura 4.35.

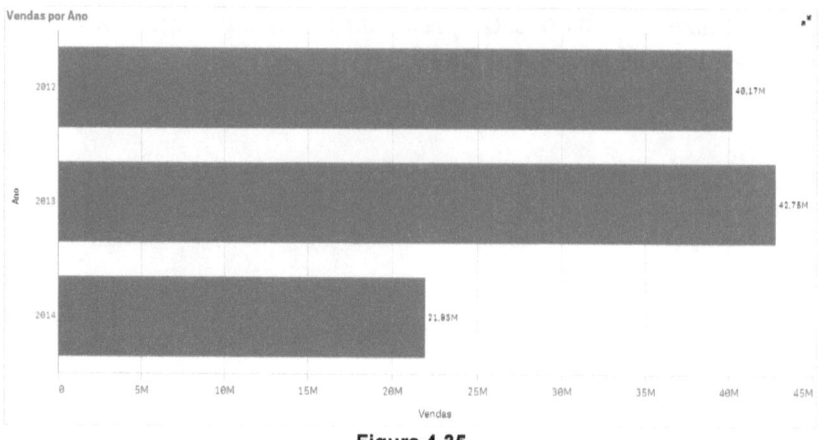

Figura 4.35

Configurando o Gráfico: Vendas por Ano

No painel de propriedades do gráfico de barras faça o seguinte:

1. Em **Appearance / Colors and legend** deixe a propriedade **Colors** como **Custom** e depois escolha **By dimension** no combo de seleção.

2. Em **Appearance / Colors and legend** deixe a propriedade **Show legend** como **Off.**

3. Em **Appearance > Y-axis: Ano** selecione **Labels only** em **Labels and title**. E em **X-axis: Ano** faça a mesma alteração.

4. Agora ajuste os gráficos para que fiquem igual a Figura 4.36. Após as alterações clique em **Save**.

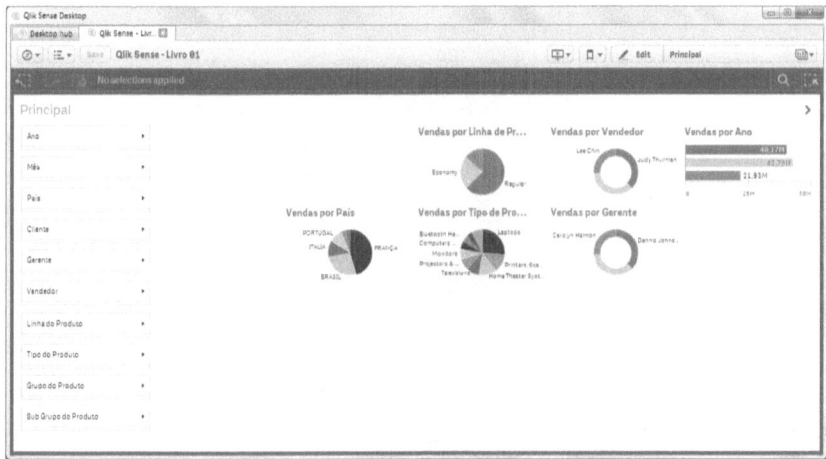

Figura 4.36

Criando o Gráfico de Barras: Vendas por Cliente

O próximo gráfico de barras a ser incluindo no Dashboard será o de **Vendas por Cliente**, para criar o gráfico de barras siga os passos abaixo:

1. Na aba **Charts** arraste o item **Bar chart** para o Dashboard.

2. Clique em **Add dimension** e selecione o campo **Clientes**.

3. Clique em **Add measure** e em **Measures** selecione **Vendas**.

4. Clique com o botão direito do mouse no gráfico de barras que é criado pelo Qlik Sense Desktop e selecione **Flip**. Ao selecionar **Flip** as barras serão mostradas horizontalmente.

5. Clique em **Click to add title** logo acima do gráfico e adicione o título **Vendas por Cliente**.

6. Clique em **Save** para salvar o Dashboard Principal.

7. O seu gráfico de barras deverá ficar igual ao da Figura 4.37.

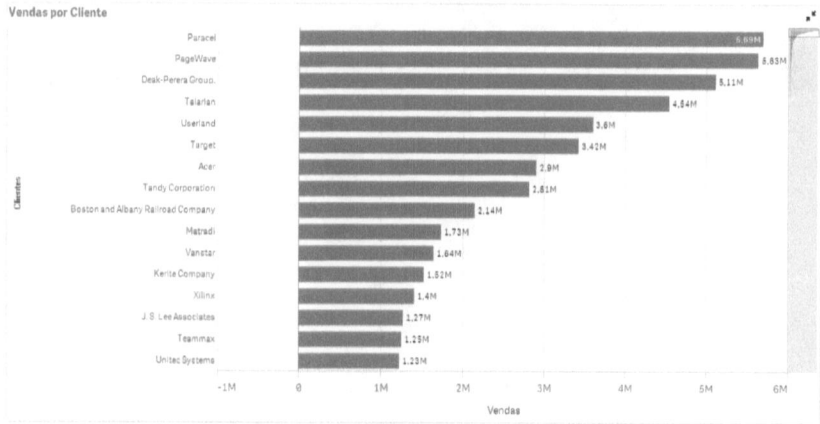

Figura 4.37

Observe que o gráfico Vendas por Cliente possui uma barra vertical do lado direito da tela, clique na barra e arraste para baixo, faça o teste.

Configurando o Gráfico: Vendas por Cliente

No painel de propriedades do gráfico de barras faça o seguinte:

1. Ao rolar a barra do gráfico no item anterior você observou que há clientes que não compraram nada (possuem valor igual a zero) e o pior é que existe um cliente com o valor negativo! Para retirar estes clientes e não poluir o gráfico vá em **Dimensions** e desabilite o campo **Show null values**. Em **Limitation** escolha a opção **Exact value**, selecione o item **>=** e na caixa de texto digite o número **1** (isto quer dizer que você quer somente valores maior ou igual a 1 e que não mostre clientes com valores nulos), e por último desabilite o item **Show others**.

2. Em **Appearance / Colors and legend** deixe a propriedade **Colors** como **Custom** e depois escolha **By dimension** no combo de seleção.

3. Em **Appearance / Colors and legend** deixe a propriedade **Show legend** como **Off**.

4. Em **Appearance > Y-axis: Cliente** selecione **Labels only** em **Labels and title**. E em **X-axis: Cliente** faça a mesma alteração.

5. Agora ajuste os gráficos para que fiquem igual a Figura 4.38. Após as alterações clique em **Save**.

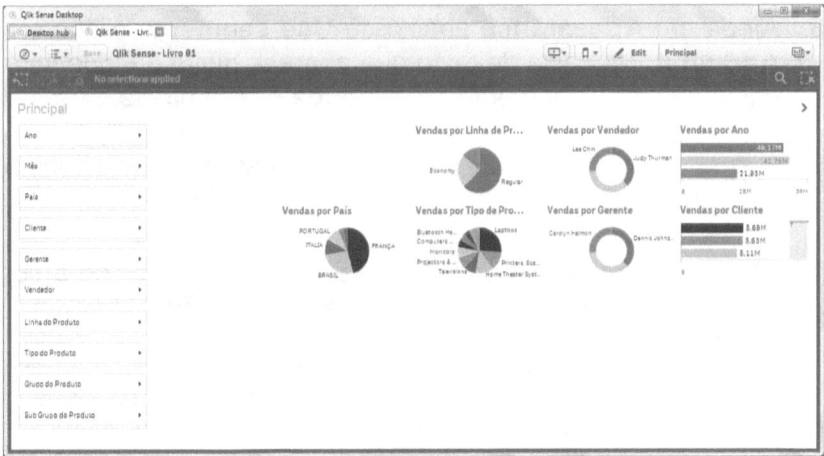

Figura 4.38

Criando o Gráfico de Mostrador: Margem

O gráfico de mostrador (gauges) é usado para visualizar uma simples medida. Para criar um gráfico de gauge de **Margem** siga os próximos passos:

1. Na aba **Charts** selecione o gráfico **Gauge** e arraste-o para o Dashboard.

2. No painel de propriedades do gráfico clique em **Add measure**.

3. No campo **Expression** insira a expressão **(Sum(Vendas) - Sum(Custo)) / Sum(Vendas)** que é o cálculo da margem de venda.

4. Em **Number formatting** selecione **Number**, em **Fomatting** deixe a propriedade como **Simple** e depois escolha **12.3%** no combo de seleção.

5. Em **Appearance > Presentation**, selecione **Radial** para que o gauge seja do modelo velocímetro.

6. Em **Range limits** inclua **0** para **Min** e **1** para **Max**.

7. Abaixo do modelo **Radial** selecione o item **Use segments**.

8. Ainda em **Appearance** abaixo de **Use segments** clique em **Add limit**. Na caixa de texto que aparece digite **0.5** que será o limite entre o segmento da esquerda e o da direita.

9. Clique no segmento da esquerda (azul escuro) e selecione a cor vermelha.

10. Clique no segmento da direita (azul claro) e selecione a cor verde. Observe as configurações na Figura 4.39.

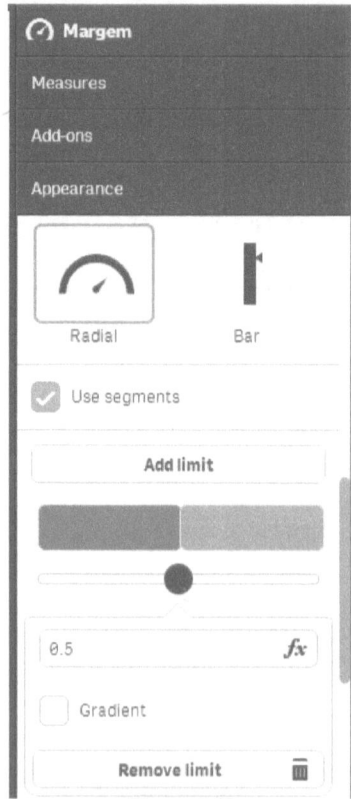

Figura 4.39

11. Abra o item **Measure axis**. Em **Labels and title** selecione **Labels only**.

12. Clique em **Click to add title** no gráfico de mostrador para alterar o título do gráfico, altere o título para **Margem**.

13. Verifique se o seu gráfico ficou igual a Figura 4.40 e ajuste os gráficos do Dashboard Principal para que fiquem igual a Figura 4.41. Depois clique em **Save**.

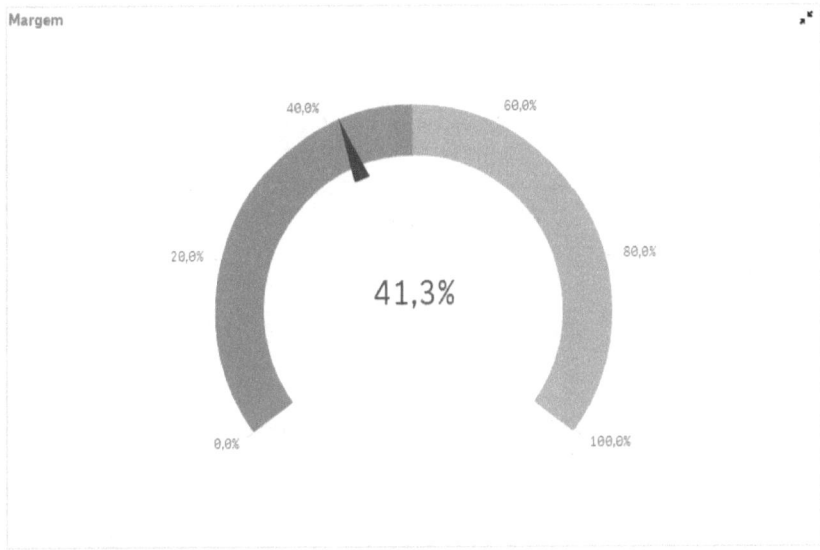

Figura 4.40

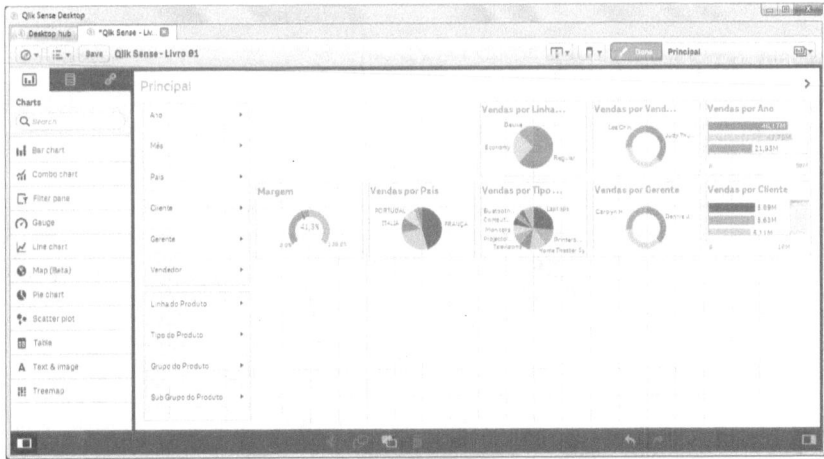

Figura 4.41

Criando o Gráfico de Texto e Imagem

Através do gráfico de texto e imagem é possível adicionar textos, imagens, medidas e links no dashboard.

Faça o seguinte:

1. Na aba **Charts** arraste o item **Text & Image** para o Dashboard. Coloque-o acima do gráfico de mostrador.

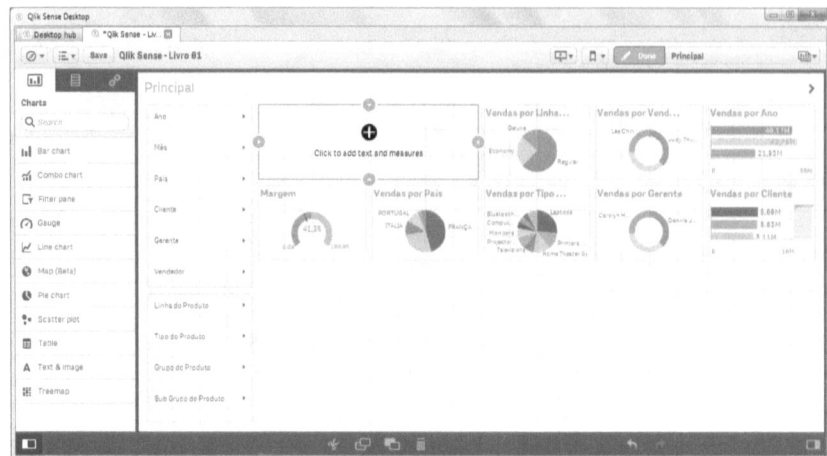

Figura 4.42

2. No painel de propriedades à direita da tela clique em **Add measure**.

3. Insira a expressão **Sum(Vendas)**.

4. Em **Label** digite **Vendas**.

5. Em **Number formatting** escolha **Number**.

6. Em **Formatting** deixe a propriedade como **Simple** e depois escolha **1.000,12** no combo de seleção.

7. Clique novamente em **Add measure**.

8. Insira a expressão **Sum(Custo)**.

9. Em **Label** digite **Custos**.

10. Em **Number formatting** escolha **Number**.

11. Em **Formatting** deixe a propriedade como **Simple** e depois escolha **1.000,12** no combo de seleção.

12. Clique novamente em **Add measure**.

13. Insira a expressão **Sum(Margem)**.

14. Em **Label** digite **Margem**.

15. Em **Number formatting** escolha **Number**.

16. Em **Formatting** deixe a propriedade como **Simple** e depois escolha **1.000,12** no combo de seleção.

17. No gráfico de Texto e Imagem insira o texto **Total de Vendas $** antes da expressão **Vendas**. Depois insira o texto **Total de Custos $** antes da expressão **Custos**. E depois insira o texto **Margem $** antes da expressão **Margem**.

18. Selecione os textos e as expressões e altere o tamanho da fonte para **L** e negrito (**B**).

19. Selecione a cor azul para a cor dos textos das expressões.

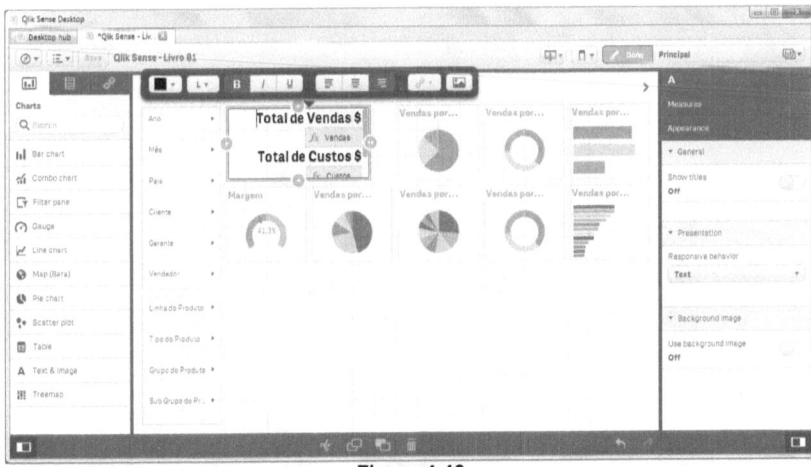

Figura 4.43

20. Ajuste o layout para que fique igual a Figura 4.44, depois clique no botão **Save**.

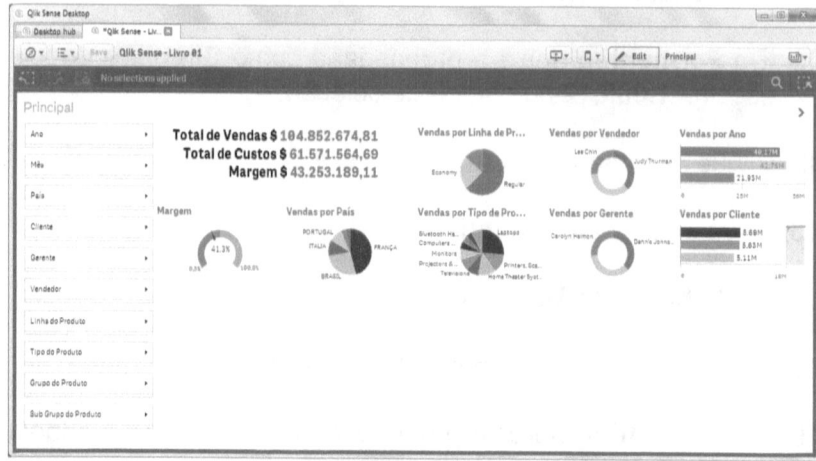

Figura 4.44

Criando o Gráfico Combinado: Tendências em Vendas

O gráfico combinado combina o gráfico de barras com o gráfico de linha. Para criar este tipo de gráfico no Qlik Sense Desktop siga esses passos:

1. Na aba **Charts** arraste o item **Combo chart** para a tela.

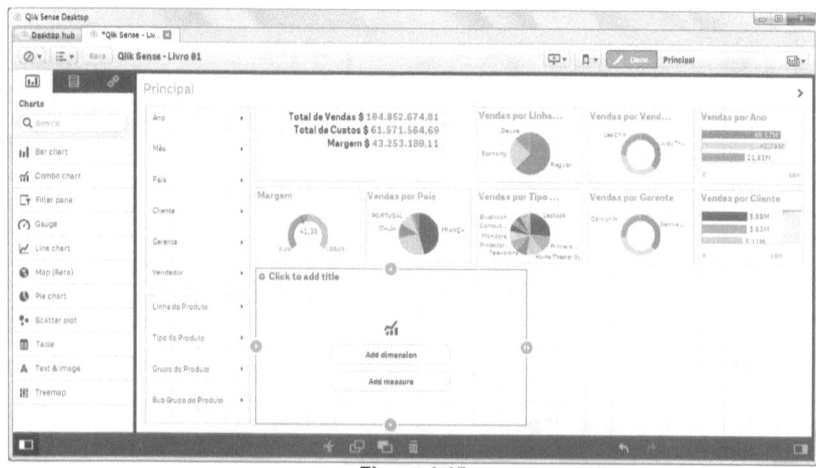

Figura 4.45

2. Clique em **Add dimension** e selecione o campo **Ano**.

3. Clique em **Add measure** e depois selecione **Vendas** em **Measures**.

4. Altere o título do gráfico combinado para **Tendências em Vendas**.

5. Na aba **Master items**, a esquerda do dashboard, clique no botão **Create new** em **Measures**.

6. Em **Expression** da tela **Create new measure** insira a seguinte expressão: **(Sum(Vendas) - Sum(Custo)) / Sum(Vendas) * 100** que é o cálculo da margem de venda em percentual.

7. No campo **Name** digite **Margem %** e depois clique no botão Create.

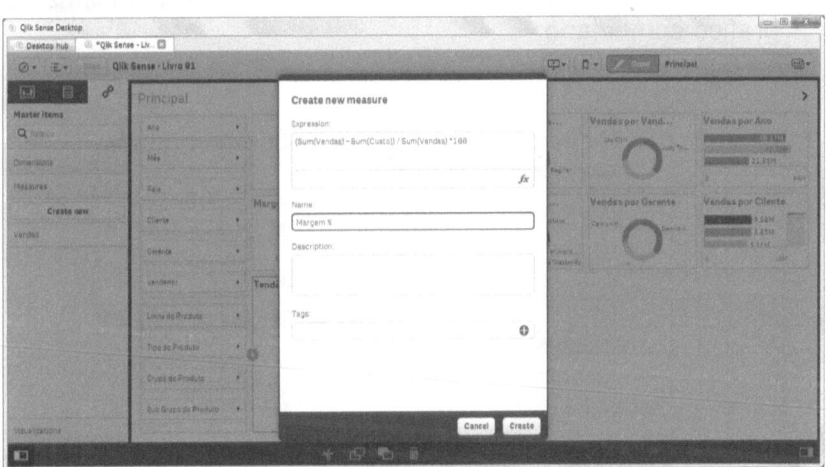

Figura 4.46

8. Conforme mostra a Figura 4.47 a medida **Margem %** será criada em **Master items**. Arraste e solte a nova medida dentro do gráfico combinado.

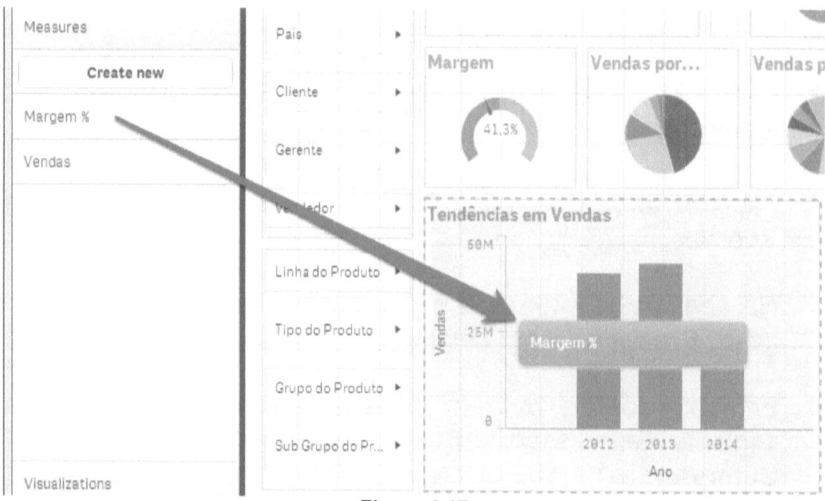

Figura 4.47

9. Na tela que aparece selecione Add **"Margem %"** e depois **As line**. A medida **Margem %** aparecerá como uma linha no gráfico combinado.

Figura 4.48

10. Clique no gráfico combinado e no painel de propriedades do gráfico à direita da tela, vá em **Appearance / Colors and legend** e deixe a propriedade **Colors** como **Auto**.

11. Em **Appearance / Colors and legend** deixe a propriedade **Show legend** como **Off**.

12. Em **Appearance > X-axis: Ano** selecione **Labels only** em **Labels and title**. Faça a mesma alteração em **Y-axis: Vendas** e **Y-axis: Margem %**.

13. Verifique se o seu gráfico ficou igual a Figura 4.49.

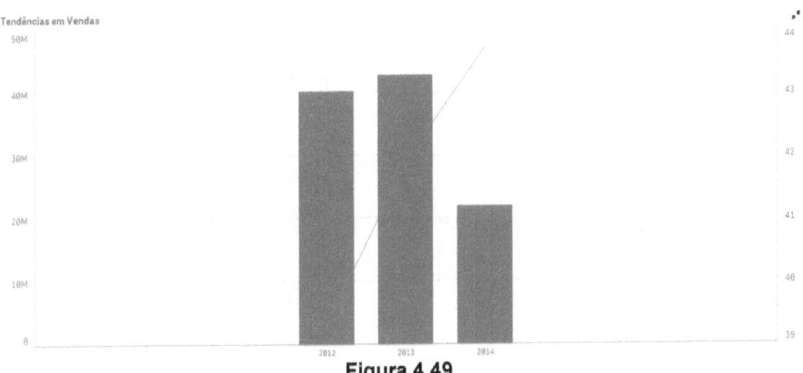

Figura 4.49

14. Ajuste os gráficos do Dashboard Principal para que fiquem igual a Figura 4.50. Depois clique em **Save**.

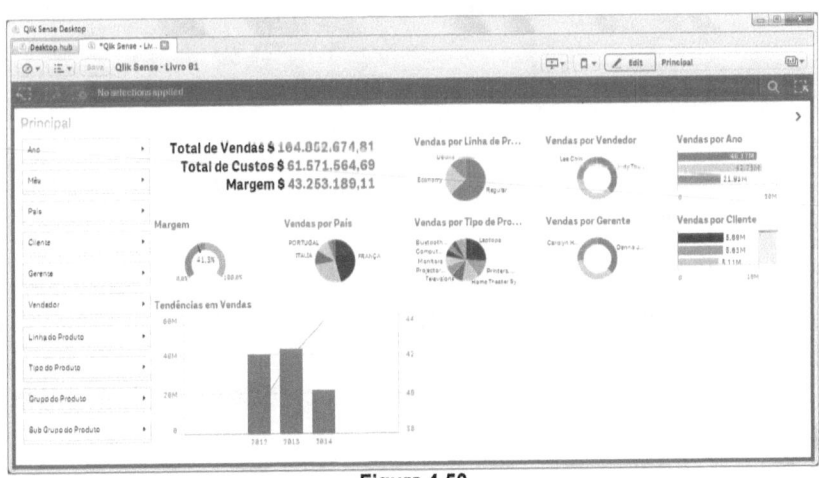

Figura 4.50

Criando o Gráfico de Linhas: Comparação das Vendas Mensais

O gráfico de linhas será usado para mostrar as comparações das **Vendas Mensais**. Para criar o gráfico de linhas no Dashboard Principal faça o seguinte:

1. Na aba **Charts** selecione **Line chart** e o arraste para o Dashboard Principal.

2. Clique em **Add dimension** e selecione **Ano**, conforme mostra a Figura 4.51.

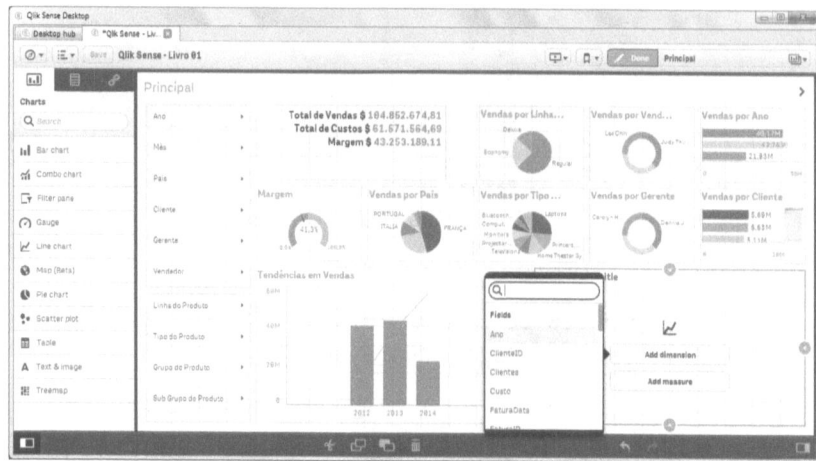

Figura 4.51

3. Clique em **Add measure** e selecione **Vendas** da lista **Measures**.

4. Nas propriedades do gráfico de linhas, em **Dimension** clique em **Add dimension** e selecione **Ano**.

5. Em **Appearance / General** deixe a propriedade **Show titles** como **On**.

6. Em **Appearance > Presentation** selecione **Show data points** e **Show labels on data points**.

7. Em **Appearance > Colors and legend** deixe a propriedade **Colors** como **Auto**. E em **Show legend** deixe a propriedade também como **Auto**. Escolha **Top** em **Legend position** e retire a seleção do item **Show legend title**.

8. Em **Appearance > X-axis: Mes, Ano** selecione **Labels only** em **Labels and title**. Faça a mesma alteração em **Y-axis: Vendas**. Altere o título do gráfico de linhas para **Comparação das Vendas Mensais**.

9. Verifique se o seu gráfico ficou igual a Figura 4.52.

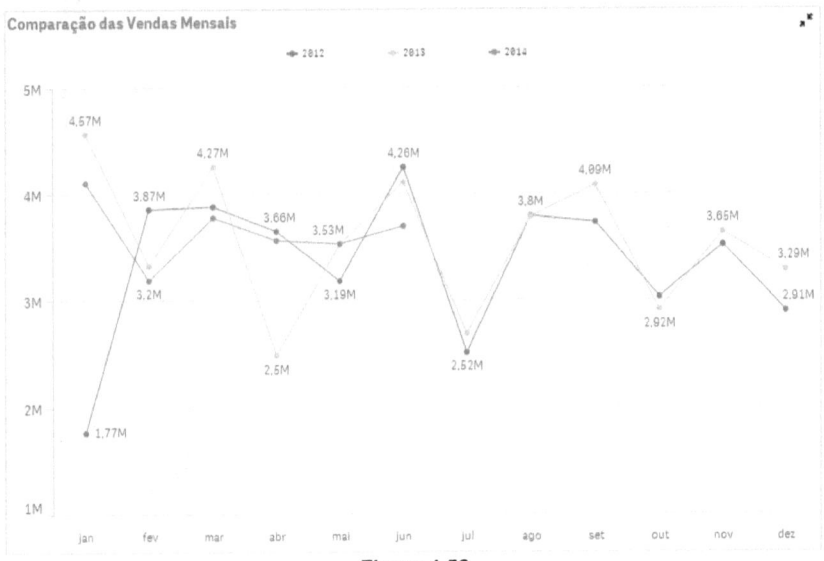

Figura 4.52

10. Ajuste os gráficos do Dashboard Principal para que fiquem igual a Figura 4.53. Depois clique em **Save**.

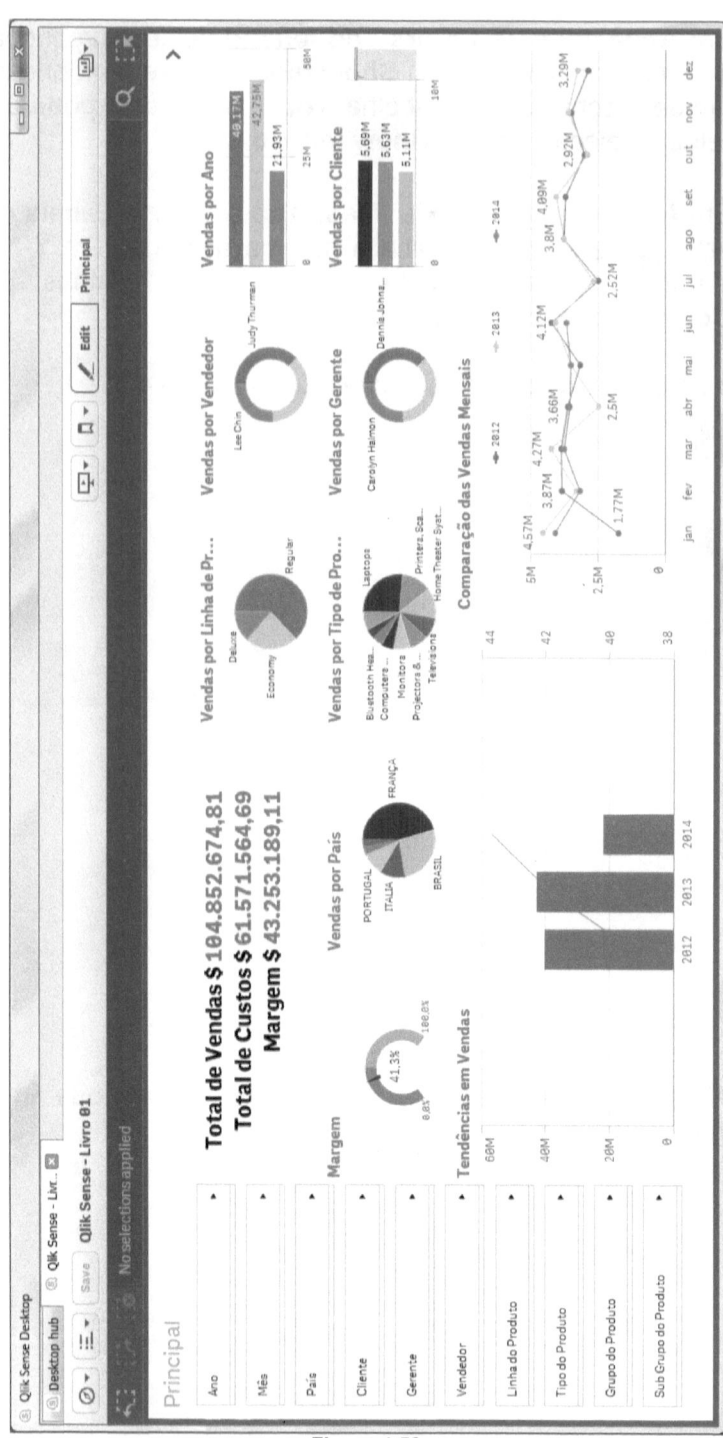

Figura 4.53

O Dashboard Clientes

O foco deste dashboard serão os clientes, verifique a seguir como ficará o Dashboard Clientes após terminado.

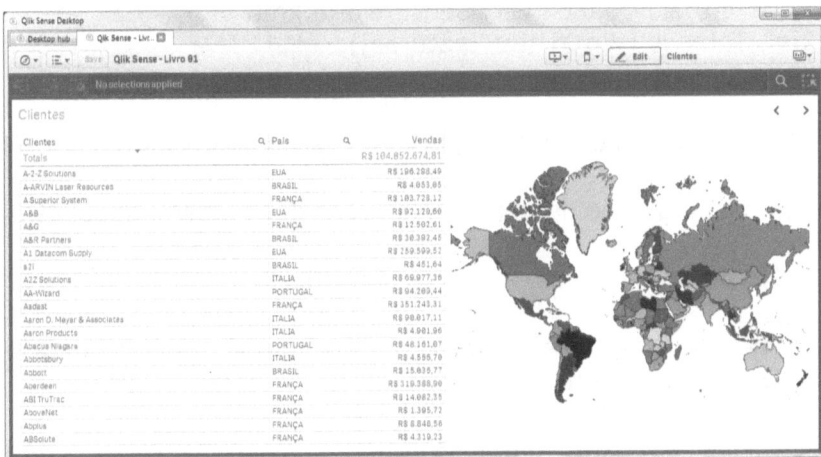

Figura 4.54

Criando o Mapa Mundi

A primeira coisa a ser feita é importar os arquivos **PaisMundo.txt** e **world.kml** para o seu aplicativo.

O modo mais simples é incluir os scripts a seguir no **Data load editor** logo abaixo do último script de carga de dados, ou se preferir utilize o processo de carga do Qlik Sense Desktop conforme já explicado.

```
// TABELA PAÍSMUNDO
PaisMundo:
LOAD
    PaisID,
    Sigla as [Territory code]
FROM 'lib://Livro 01 - Qlik Sense/PaisMundo.txt'
(txt, codepage is 1252, embedded labels, delimiter is '\t',
msq);
```

// TABELA MUNDO

```
LOAD
    world.Name as [Territory code],
    world.Point,
    world.Area
FROM 'lib://Livro 01 - Qlik Sense/world.kml'
(kml, Table is [World.shp/Features]);
```

Após ter incluído os dois scripts carregue os dados para o app.

Para criar o gráfico de mapa mundi você deve fazer o seguinte:

1. No painel de ativos, acesse a aba **Charts**.

2. Na aba **Charts** selecione o gráfico **Map** e o arraste para o Dashboard Clientes.

3. Clique em **Add dimension** e selecione **Territory code (area)**. Um mapa mundi automaticamente aparecerá em seu dashboard, conforme mostra a Figura 4.55.

Figura 4.55

4. Nas propriedades do gráfico, em **Appearance / General** deixe a propriedade **Show titles** como **Off**.

5. Em **Appearance / Colors and legend** deixe a propriedade **Colors** como **Custom** e depois escolha **By dimension** no combo de seleção.

6. E em **Color scheme** selecione **100 colors**.

7. Verifique se o seu mapa mundi ficou igual a Figura 4.56. Depois clique em **Save**.

Figura 4.56

Criando a Tabela: Clientes

Para criar a tabela de **Clientes** siga os seguintes passos:

1. No painel de ativos, acesse a aba **Charts**.

2. Selecione o gráfico **Table** e o arraste para o dashboard.

3. Clique em **Add dimension** e escolha o campo **Clientes**.

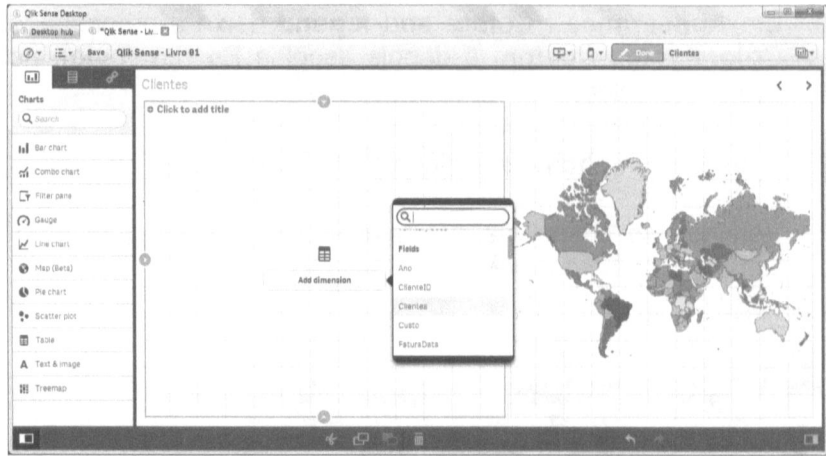

Figura 4.57

4. Volte ao painel de ativos, acesse a aba **Fields**, selecione o campo **Pais** e o arraste para dentro da tabela. Escolha **Add "Pais"** na tela que aparece, conforme mostra a Figura 4.58.

Figura 4.58

5. Volte ao painel de ativos, acesse a aba **Master items** e em **Measures** selecione **Vendas**, arraste **Vendas** para dentro da tabela. Escolha **Add "Vendas"** na tela que aparece.

6. Para formatar os números da coluna **Vendas** vá ao painel de propriedades e clique em **Colums**. Clique em **Vendas** e em **Number formatting** selecione **Money**.

7. Verifique se a sua tabela ficou igual a Figura 4.59.

⊕ Click to add title			⌐ᴷ
Clientes	Q Pais	Q	Vendas
Totals			R$ 104.852.674,81
A-2-Z Solutions	EUA		R$ 196.298,49
A-ARVIN Laser Resources	BRASIL		R$ 4.053,05
A Superior System	FRANÇA		R$ 103.728,12
A&B	EUA		R$ 92.120,60
A&G	FRANÇA		R$ 12.502,61
A&R Partners	BRASIL		R$ 30.392,45
A1 Datacom Supply	EUA		R$ 259.599,52
a2i	BRASIL		R$ 451,64
A2Z Solutions	ITALIA		R$ 69.977,36
AA-Wizard	PORTUGAL		R$ 94.209,44
Aadast	FRANÇA		R$ 351.243,31
Aaron D. Meyer & Associates	ITALIA		R$ 90.017,11
Aaron Products	ITALIA		R$ 4.901,96
Abacus Niagara	PORTUGAL		R$ 48.161,07
Abbotsbury	ITALIA		R$ 4.556,70
Abbott	BRASIL		R$ 15.036,77
Aberdeen	FRANÇA		R$ 319.388,90
ABI TruTrac	FRANÇA		R$ 14.082,35
AboveNet	FRANÇA		R$ 1.395,72
Abplus	FRANÇA		R$ 8.848,56
ABSolute	FRANÇA		R$ 4.319,23
Absolute Magic	FRANÇA		R$ 73.982,46

Figura 4.59

8. Ajuste os gráficos do dashboard para que fiquem igual a Figura 4.60. Depois clique em **Save**.

9. Clique em um registro onde o país seja o Brasil e analise o mapa mundi, observe que somente o Brasil ficará selecionado (colorido). Agora no mapa clique em outro país e verifique se há algum cliente relacionando na tabela Clientes.

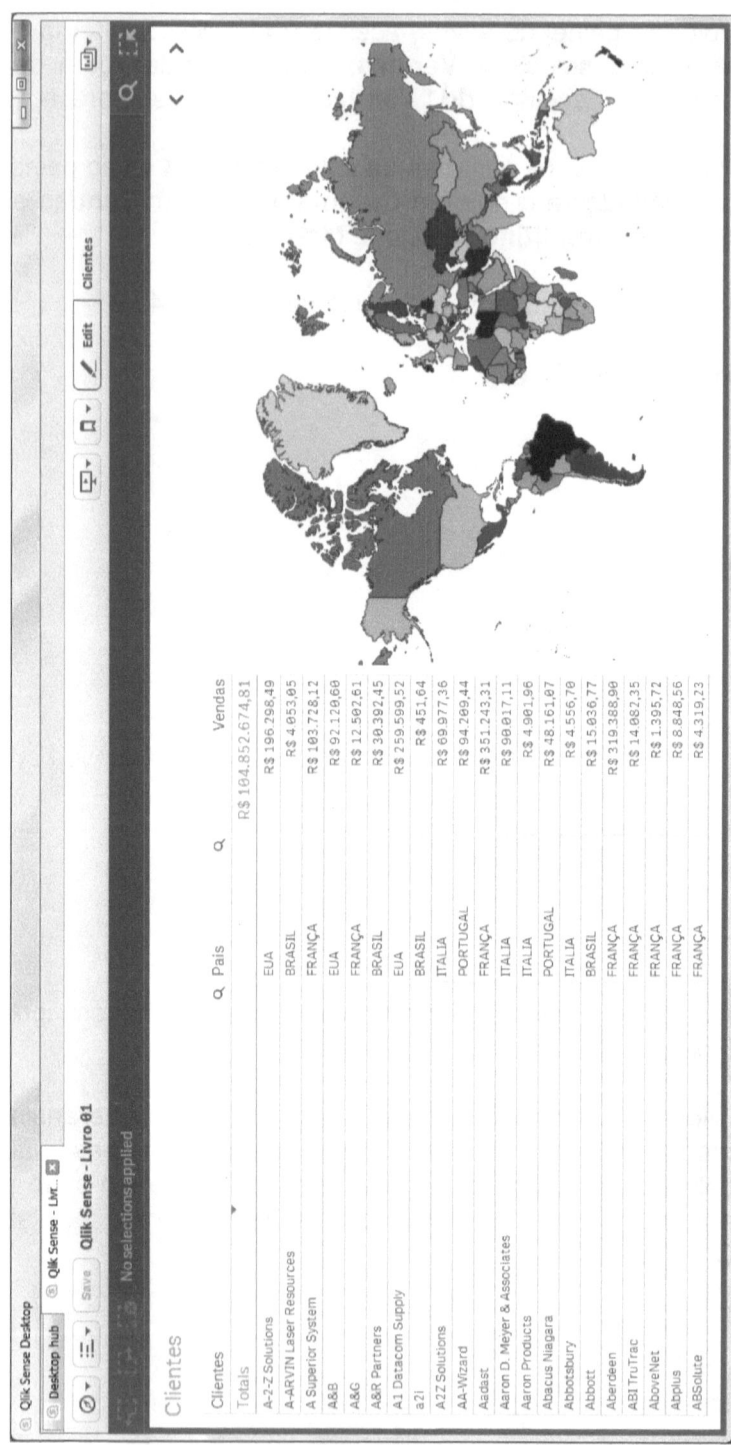

Figura 4.60

O Dashboard Produtos

O foco deste dashboard serão os produtos. Verifique na figura a seguir como ficará o Dashboard Produtos depois de finalizado.

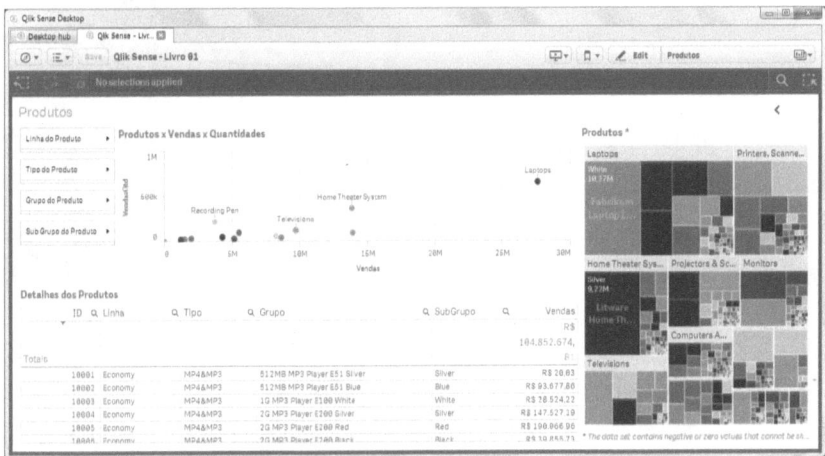

Figura 4.61

Adicionando o Painel de Filtros

Como você criou um **Filter pane** reutilizável chamado **Filtro de Produtos**, você irá incluí-lo no Dashboard de Produtos agora.

Para isso faça o seguinte:

1. Abra o Dashboard de Produtos.

2. Na aba **Master Items**, item **Visualizations**, selecione o **Filtro de Produtos** e arraste-o para o dashboard.

3. Ajuste para que o filtro fique igual ao da Figura 4.62.

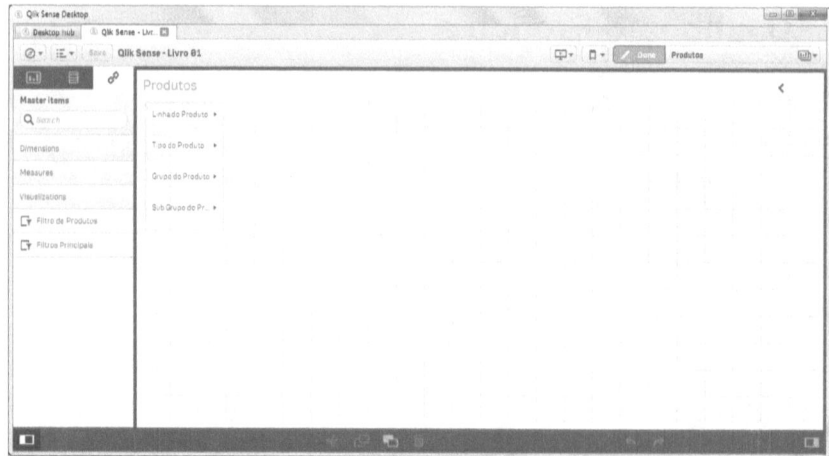

Figura 4.62

4. Depois de ajustar a tela clique em **Save**.

Criando o Gráfico Treemap: Produtos

O gráfico treemap é usado para mostrar dados hierarquicamente. Para criar o gráfico treemap de **Produtos** siga os seguintes passos:

1. No painel de ativos, acesse a aba **Charts**.

2. Selecione o gráfico **Treemap** e o arraste para o dashboard.

3. Clique em **Add dimension** e selecione o campo **ProdutoTipoDesc**, conforme mostra a Figura 4.63.

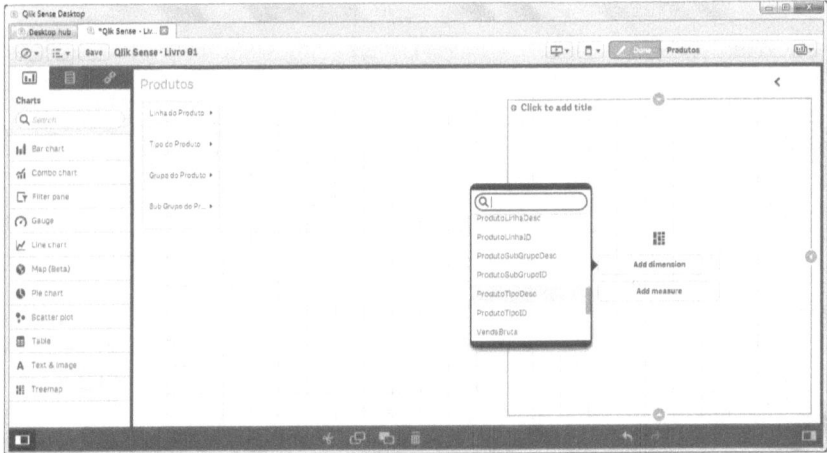

Figura 4.63

4. Clique em **Add measure**, selecione **Vendas** da lista de **Measures**.

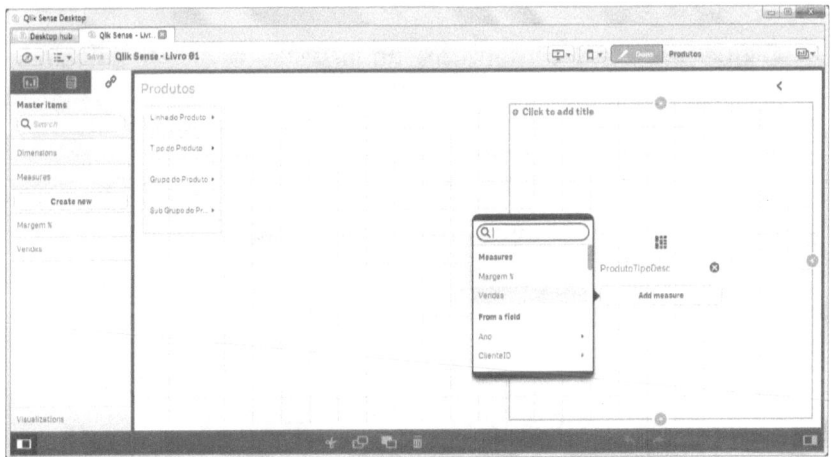

Figura 4.64

5. Observe que o seu gráfico ficou parecido com a Figura 4.65.

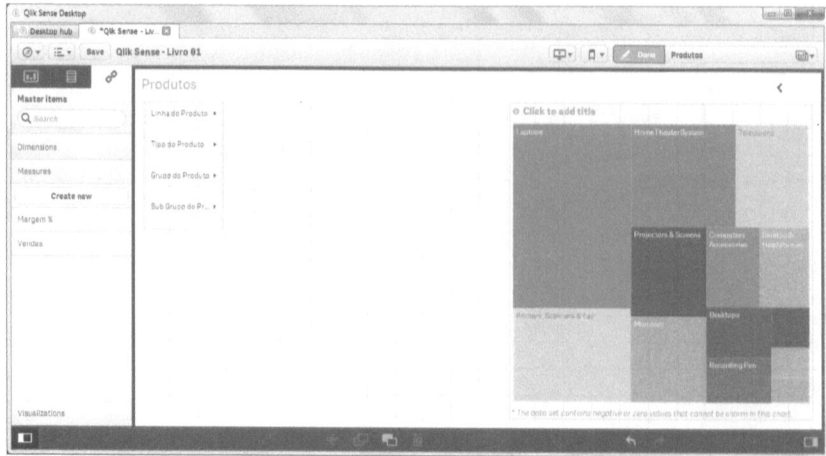

Figura 4.65

6. Nas propriedades do gráfico à direita da tela, abaixo de **Dimension**, clique em **Add dimension**. Na lista que aparece selecione **ProdutoGrupoDesc**.

7. Clique em **Add dimension** novamente e agora selecione **SubGrupoDesc**. Verifique na Figura 4.66 como ficou o gráfico Treemap.

Figura 4.66

8. Nas propriedades do gráfico à direita da tela, em **Appearance / Presentation** deixe a propriedade **Headers and labels** como **Auto** e marque a opção **Show values**.

9. Em **Appearance / Colors** deixe a propriedade **Colors** como **Custom** e depois escolha **By dimension** no combo de seleção.

10. Mais abaixo em **Dimension** selecione **ProdutoGrupoDesc** no combo de seleção.

11. Altere o título do gráfico Treemap para **Produtos**.

12. Verifique se o seu gráfico ficou igual a Figura 4.67.

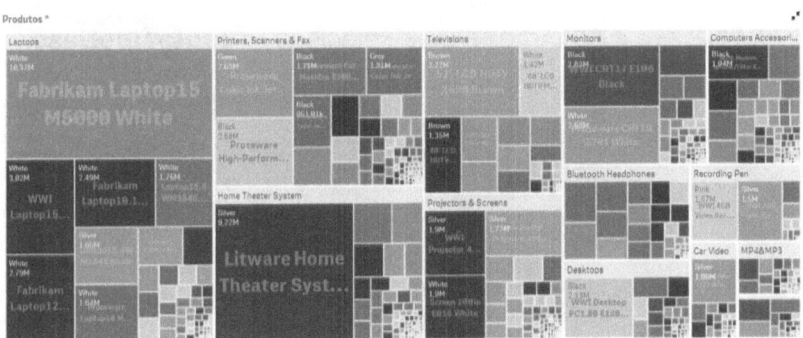

Figura 4.67

13. Ajuste o gráfico do dashboard para que fique igual a Figura 4.68. Depois clique em **Save**.

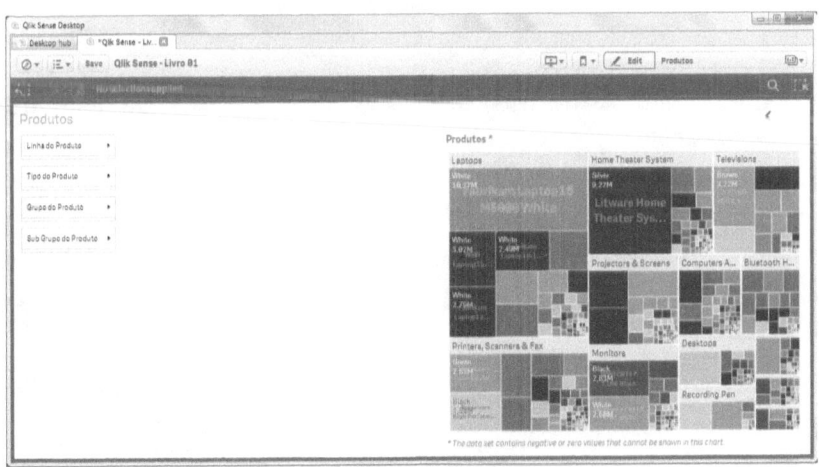

Figura 4.68

Criando o Gráfico de Dispersão: Produtos x Vendas x Quantidades

Para criar o gráfico de dispersão no dashboard de Produtos você deve fazer o seguinte:

1. No painel de ativos, acesse a aba **Charts**.

2. Selecione o gráfico **Scatter plot** e o arraste à direita do filtro de pesquisa.

3. Clique em **Add dimension** e selecione **ProdutoTipoDesc**.

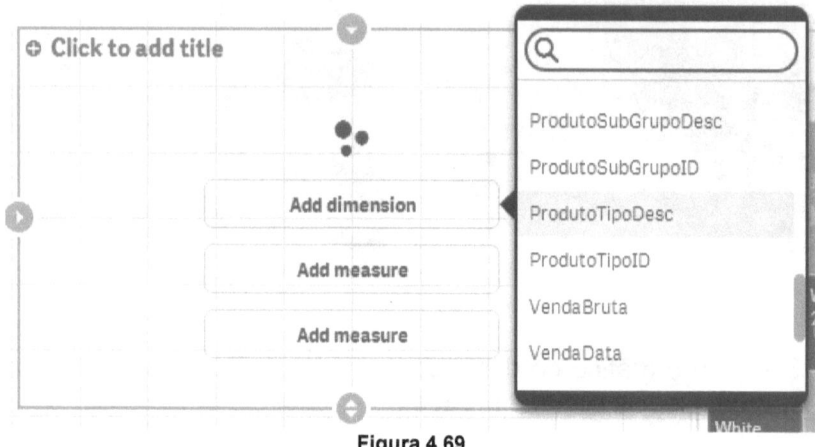

Figura 4.69

4. Clique em **Add measure**, selecione **Vendas** da lista de **Measures**.

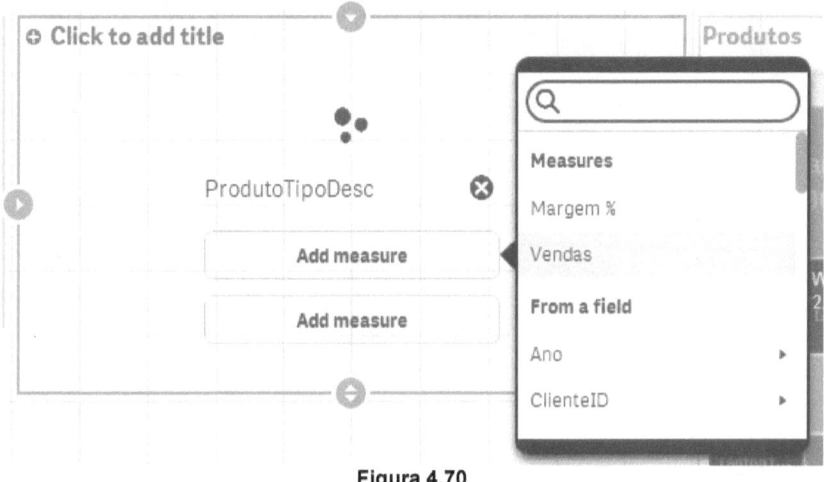

Figura 4.70

5. A segunda Measure (medida) será a quantidade de produtos vendidos, para isso vá à aba **Master items** do painel de ativos, selecione o item **Measures** e clique em **Create new**.

6. Na tela **Create new measure** digite a expressão **Sum(VendasQtd)** no campo **Expression** e em **Name** digite **VendasQtd**. Clique depois em **Create**.

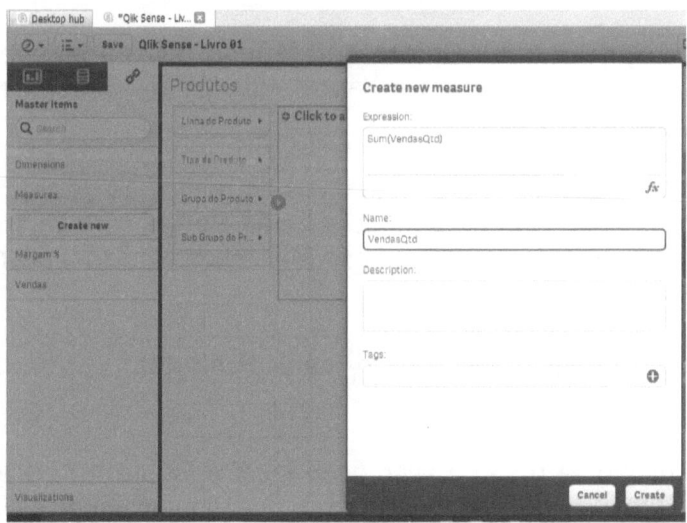

Figura 4.71

7. Volte ao gráfico de dispersão e clique em **Add measure**, selecione **VendasQtd** da lista de **Measures**.

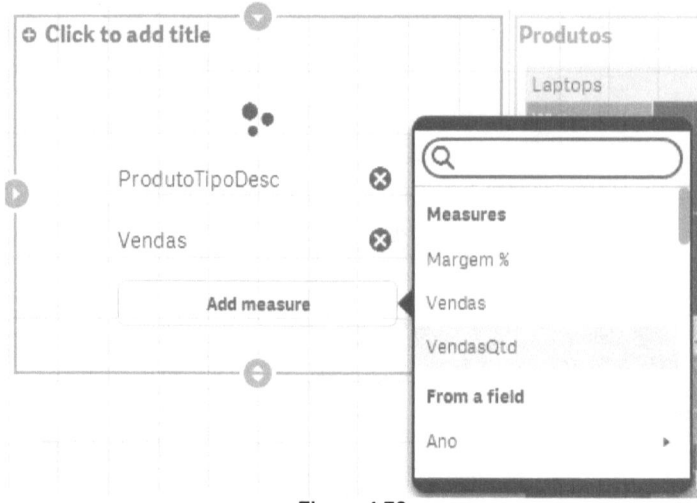

Figura 4.72

8. Nas propriedades do gráfico à direita da tela, vá em **Appearance / Presentation** e em **Bubble size** desloque o círculo mais para a direita, com isso os círculos do gráfico de dispersão ficarão um pouco maiores.

9. Em **Appearance / Colors and legend** deixe a propriedade **Colors** como **Custom** e depois escolha **By dimension** no combo de seleção.

10. Para excluir os valores negativos do gráfico de dispersão vá em **X-axis: Vendas** e mude o botão **Range** para **Custom** e informe o valor **zero** no campo **Min**. Faça a mesma alteração em **Y-axis: VendasQtd.**

11. Altere o título do gráfico para **Produtos x Vendas x Quantidades**.

12. Verifique se o seu gráfico ficou igual a Figura 4.73 e ajuste os gráficos do dashboard para que fiquem igual a Figura 4.74. Depois clique em **Save**.

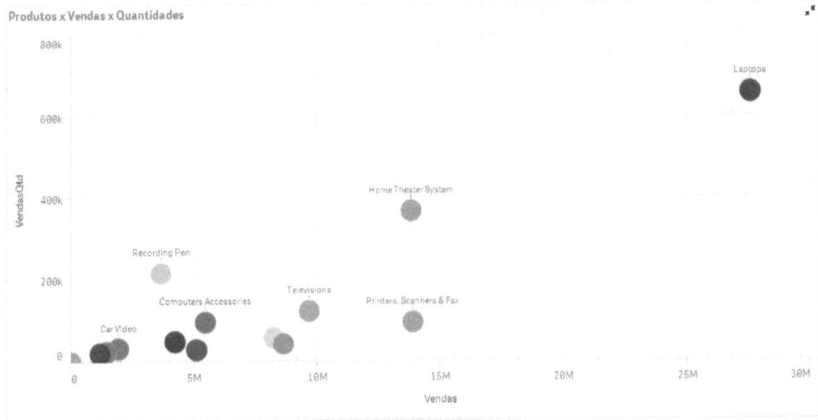

Figura 4.73

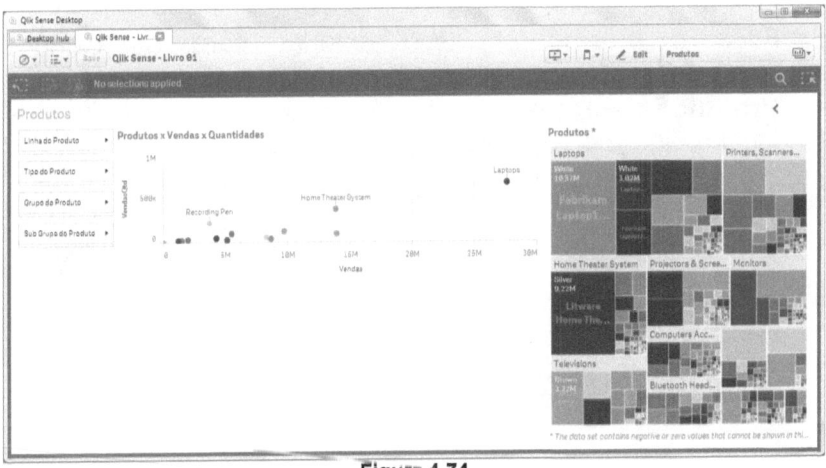

Figura 4.74

Criando a Tabela: Detalhes dos Produtos

Para criar a tabela **Detalhes dos Produtos** siga esses passos:

1. No painel de ativos, acesse a aba **Charts**.

2. Selecione **Table** e o arraste para o dashboard.

3. Clique em **Add dimension** e escolha o campo **ProdutoID**.

135

4. Volte ao painel de ativos, acesse a aba **Fields**, selecione o campo **ProdutoLinhaDesc** e o arraste para dentro da tabela. Escolha **Add "ProdutoLinhaDesc"** na tela que aparece, conforme mostra a Figura 4.75.

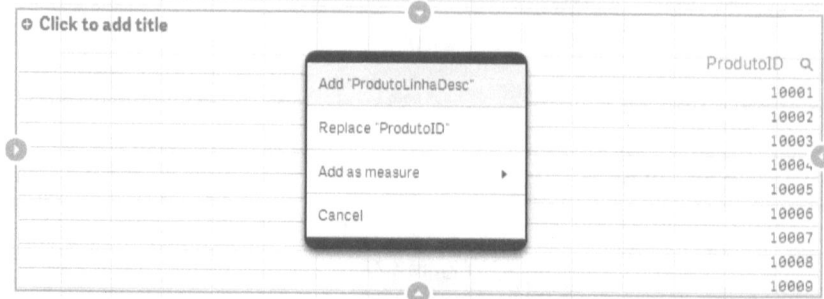

Figura 4.75

5. Faça o mesmo processo anterior para os campos **ProdutoTipoDesc**, **ProdutoGrupoDesc** e **ProdutoSubGrupoDesc**. Verifique se a sua tabela está igual a Figura 4.76.

⊕ Click to add title				
ProdutoID	ProdutoLinha Desc	ProdutoTipoDesc	ProdutoGrupoDesc	ProdutoSubGrupoDesc
10001	Economy	MP4&MP3	512MB MP3 Player E51 Silver	Silver
10002	Economy	MP4&MP3	512MB MP3 Player E51 Blue	Blue
10003	Economy	MP4&MP3	1G MP3 Player E100 White	White
10004	Economy	MP4&MP3	2G MP3 Player E200 Silver	Silver
10005	Economy	MP4&MP3	2G MP3 Player E200 Red	Red
10006	Economy	MP4&MP3	2G MP3 Player E200 Black	Black
10007	Economy	MP4&MP3	2G MP3 Player E200 Blue	Blue
10008	Economy	MP4&MP3	'G MP3 Player E400 Silver	Silver

Figura 4.76

6. Volte ao painel de ativos, acesse a aba **Master items** e em **Measures** selecione **Vendas**, arraste **Vendas** para dentro da tabela. Escolha **Add "Vendas"** na tela que aparece.

7. Para alterar os títulos das colunas da tabela vá ao painel de propriedades e clique em **Colums**. Clique em **ProdutoID** e em **Label** digite **ID**. Clique em **ProdutoLinhaDesc** e em **Label** digite **Linha**. Clique em **ProdutoTipoDesc** e em **Label** digite **Tipo**. Clique em **ProdutoGrupoDesc** e em **Label** digite **Grupo**. Clique em **ProdutoSubGrupoDesc** e em **Label** digite **SubGrupo**.

8. Para formatar os números da coluna **Vendas** vá ao painel de propriedades e clique em **Colums**. Clique em **Vendas** e em **Number formatting** selecione **Money**.

9. Altere o título da tabela para **Detalhes dos Produtos**.

10. Verifique se a sua tabela ficou igual a Figura 4.77.

	ID	Linha	Tipo	Grupo	SubGrupo	Vendas
Detalhes dos Produtos						
						R$
						104.852.674,8
Totals						
	10001	Economy	MP4&MP3	512MB MP3 Player E51 Silver	Silver	R$ 20,03
	10002	Economy	MP4&MP3	512MB MP3 Player E51 Blue	Blue	R$ 93.677,86
	10003	Economy	MP4&MP3	1G MP3 Player E100 White	White	R$ 28.524,22
	10004	Economy	MP4&MP3	2G MP3 Player E200 Silver	Silver	R$ 147.527,19
	10005	Economy	MP4&MP3	2G MP3 Player E200 Red	Red	R$ 190.066,96
	10006	Economy	MP4&MP3	2G MP3 Player E200 Black	Black	R$ 39.855,73
	10007	Economy	MP4&MP3	2G MP3 Player E200 Blue	Blue	R$ 10.635,59
	10008	Economy	MP4&MP3	4G MP3 Player E400 Silver	Silver	R$ 30.458,63
	10009	Economy	MP4&MP3	4G MP3 Player E400 Black	Black	R$ 61.580,36
	10010	Economy	MP4&MP3	4G MP3 Player E400 Green	Green	R$ 67.056,77
	10011	Economy	MP4&MP3	4G MP3 Player E400 Orange	Orange	R$ 293.362,39
	10012	Regular	Bluetooth Headphones	WWI Wireless Bluetooth Stereo Headphones M270 White	White	R$ 690,75
	10013	Regular	Bluetooth Headphones	WWI Wireless Bluetooth Stereo Headphones M270 Pink	Pink	R$ 924,87
	10014	Regular	Bluetooth Headphones	WWI Stereo Bluetooth Headphones New Generation M370 Black	Black	R$ 499.396,85
	10015	Regular	Bluetooth Headphones	WWI Stereo Bluetooth Headphones New Generation M370 White	White	R$ 1.144,65
	10016	Regular	Bluetooth Headphones	WWI Stereo Bluetooth Headphones New Generation M370 Yellow	Yellow	R$ 125.368,88
	10017	Regular	Bluetooth Headphones	WWI Stereo Bluetooth Headphones New Generation M370 Orange	Orange	R$ 3.298,04
	10018	Regular	Bluetooth Headphones	WWI Stereo Bluetooth Headphones New Generation M370 Blue	Blue	R$ 16.619,60
	10019	Deluxe	Bluetooth Headphones	WWI Wireless Transmitter and Bluetooth Headphones X250 Black	Black	R$ 2.724,35
	10020	Deluxe	Bluetooth Headphones	WWI Wireless Transmitter and Bluetooth Headphones X250 Blue	Blue	R$ 3.120,73

Figura 4.77

11. Ajuste os gráficos do dashboard para que fiquem igual a Figura 4.78. Depois clique em **Save**.

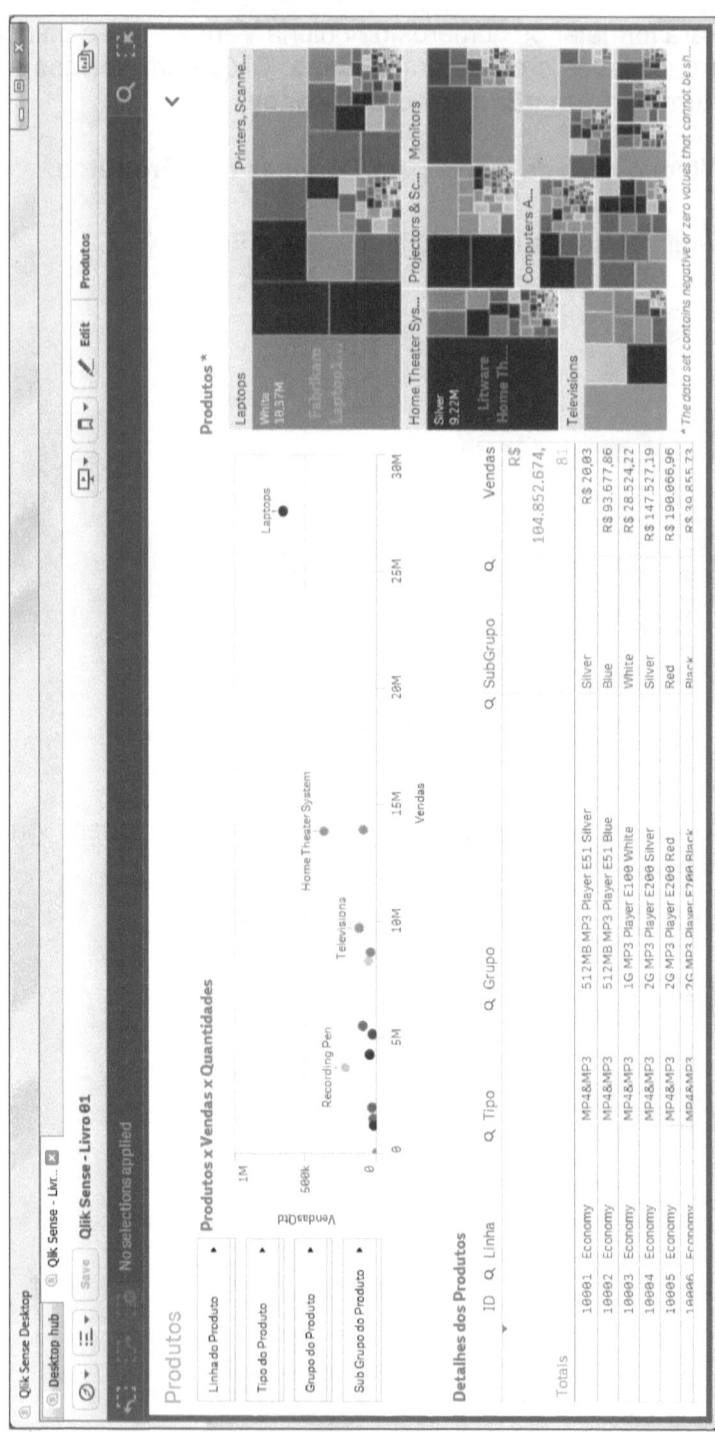

Figura 4.78

138

CAPÍTULO 5

CONTANDO HISTÓRIA

Introdução

Histórias são apresentações utilizando os dados e os gráficos do app. Através de capturas de imagens de determinadas visualizações você poderá realizar apresentações, ou contar uma história, de um determinado produto ou cliente sem precisar sair do Qlik Sense Desktop.

Nesta parte do livro você aprenderá a:

- Criar histórias com os seus dados;
- Navegar entre a apresentação e os dados do app.

Capturando as Imagens

A história a ser criada será a comparação de vendas entre o Brasil e Portugal, informando o Market Share de cada país, qual o tipo de produto mais vendido e a comparação anual/mensal das vendas.

A primeira coisa a ser feita é capturar as imagens que serão utilizadas na apresentação. Para isso faça o seguinte:

1. Vá ao **Dashboard Principal**.

2. Clique com o botão direito do mouse no gráfico **Vendas por País** e selecione **Take snapshot**.

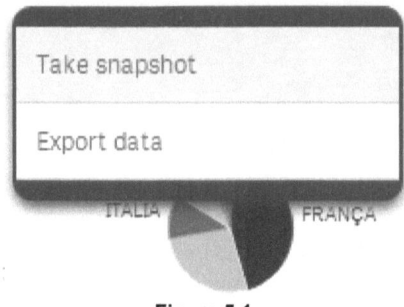

Figura 5.1

3. No gráfico **Vendas por País** selecione **Brasil**.

4. Clique com o botão direito do mouse no gráfico **Vendas por Tipo de Produto** e selecione **Take snapshot**.

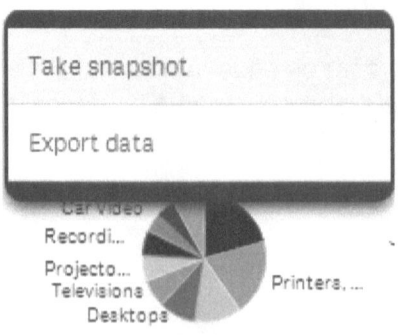

Figura 5.2

140

5. Ainda com o Brasil selecionado em **Vendas por País** clique com o botão direito do mouse no gráfico **Comparação das Vendas Mensais** e selecione **Take snapshot**.

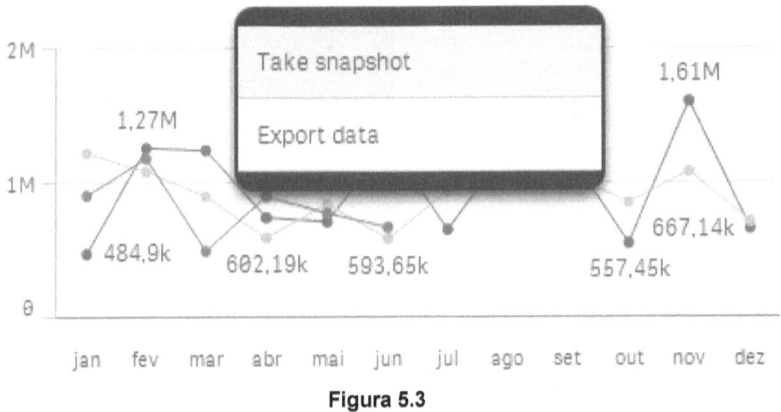

Figura 5.3

6. Repita os passos de 3 a 5 selecionando o país **Portugal**.

Criando a História

As imagens já foram capturadas e agora você criará a apresentação.

1. Na barra de ferramentas do **Dashboard Principal** clique no botão **Data Storytelling**.

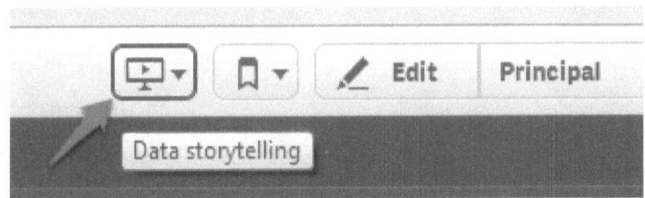

Figura 5.4

2. Clique em **Create new story** e dê o título de **Brasil x Portugal** para a história.

3. Clique em **Text library** e arraste o item **Title** para a tela, digite **Comparação de Vendas entre Brasil e Portugal**.

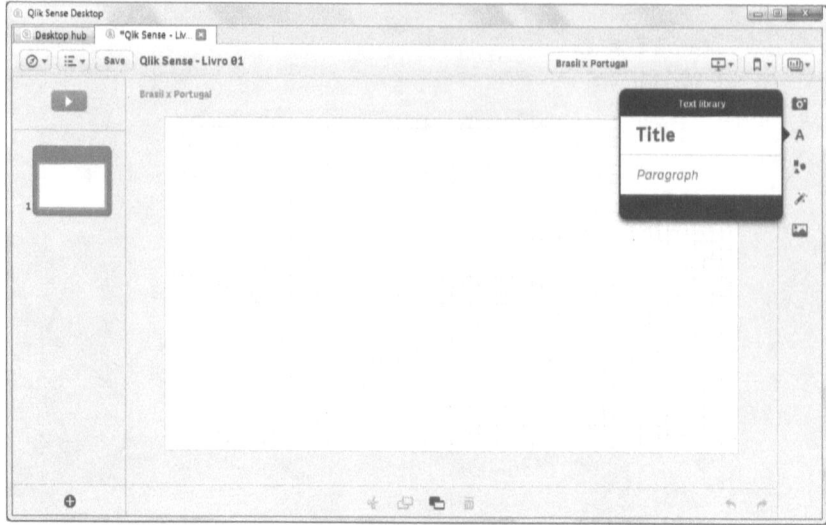

Figura 5.5

4. Clique em **Snapshot library** e você visualizará as capturas realizadas (Figura 5.6), arraste para a história a captura do gráfico **Vendas por País**.

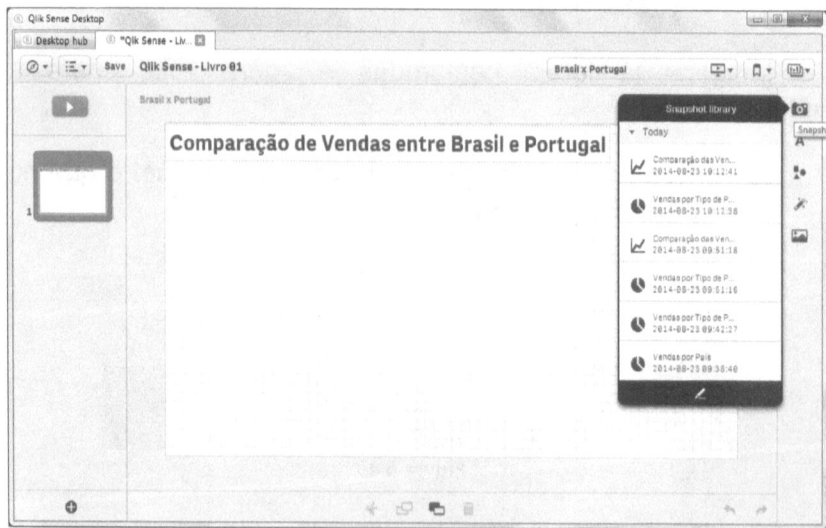

Figura 5.6

5. Selecione o gráfico e clique em **Effect library**, arraste o item **Any value** (Figura 5.7) e o arraste para dentro do gráfico **Vendas por País**. Escolha **Brasil** no campo de seleção.

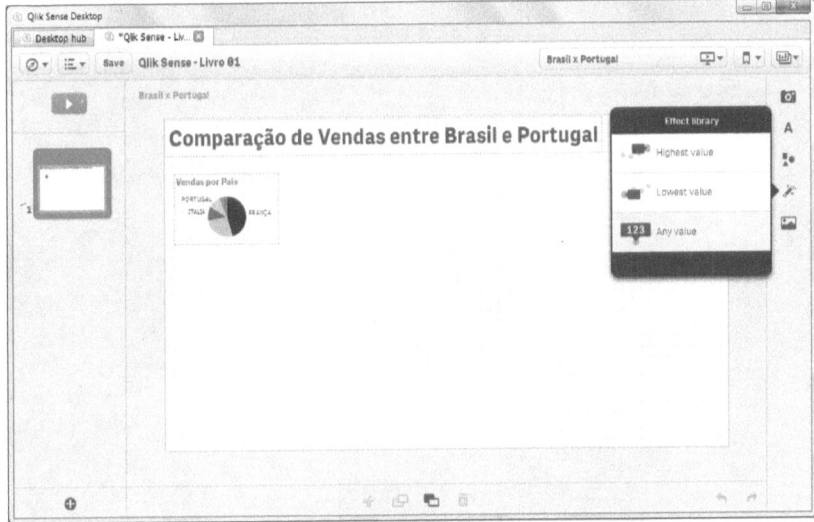
Figura 5.7

6. Clique em **Snapshot library** e arraste para a história a captura do gráfico **Vendas por Tipo de Produto** (captura Brasil). Clique em **Effect library**, arraste o item **Highest value** para dentro do gráfico.

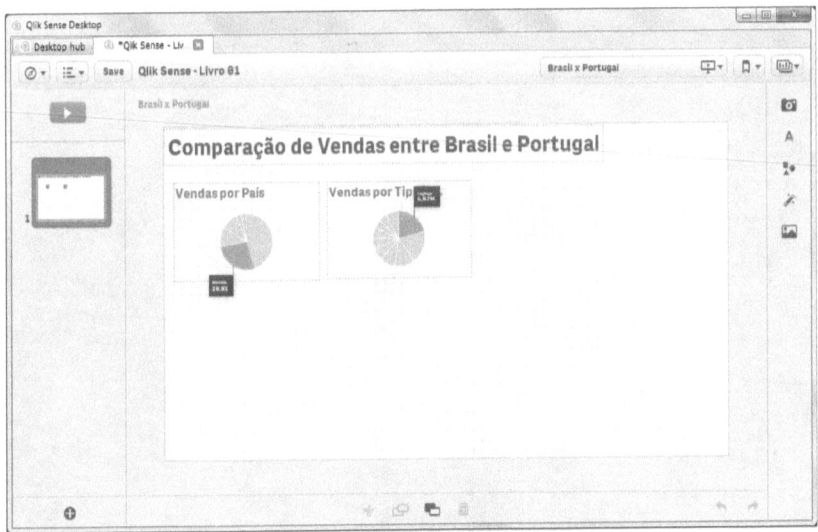
Figura 5.8

7. Clique em **Snapshot library** e arraste para a história a captura **Comparação das Vendas Mensais** (captura Brasil). Veja como ficou a história na Figura 5.9 com os dados do Brasil.

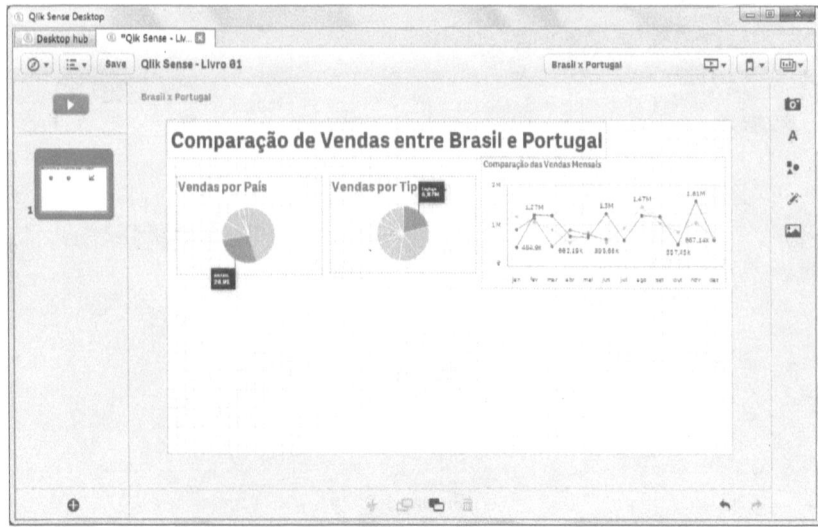

Figura 5.9

8. Copie e cole o gráfico **Vendas por País**. Clique em **Effect library**, arraste o item **Any value** para dentro do gráfico. Escolha **Portugal** no campo de seleção.

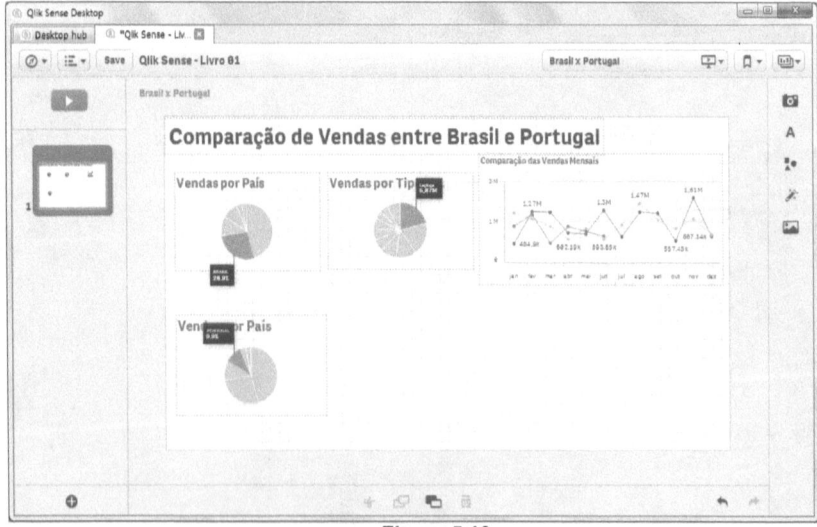

Figura 5.10

9. Clique em **Snapshot library** e arraste para a história a captura do gráfico **Vendas por Tipo de Produto** (captura Portugal). Clique em **Effect library**, arraste o item **Highest value** para dentro do gráfico.

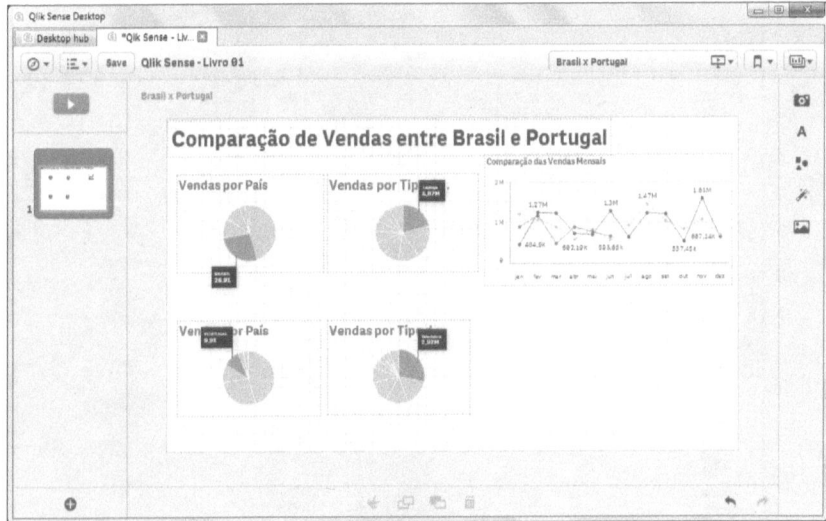

Figura 5.11

10. Clique em **Snapshot library** e arraste para a história a captura **Comparação das Vendas Mensais** (captura Portugal). Depois clique em **Save**.

11. Clique no botão verde **Play the story** e veja como ficou a história com todos os dados, observe a Figura 5.12. Se quiser você pode criar novos slides, incluir textos, imagens, etc.

12. Caso necessite durante a apresentação acessar o dashboard com os dados originais clique com o botão direito no gráfico da história e escolha a opção **Go to source**. Para voltar a história clique no botão **Data storytelling** da barra de ferramentas do dashboard.

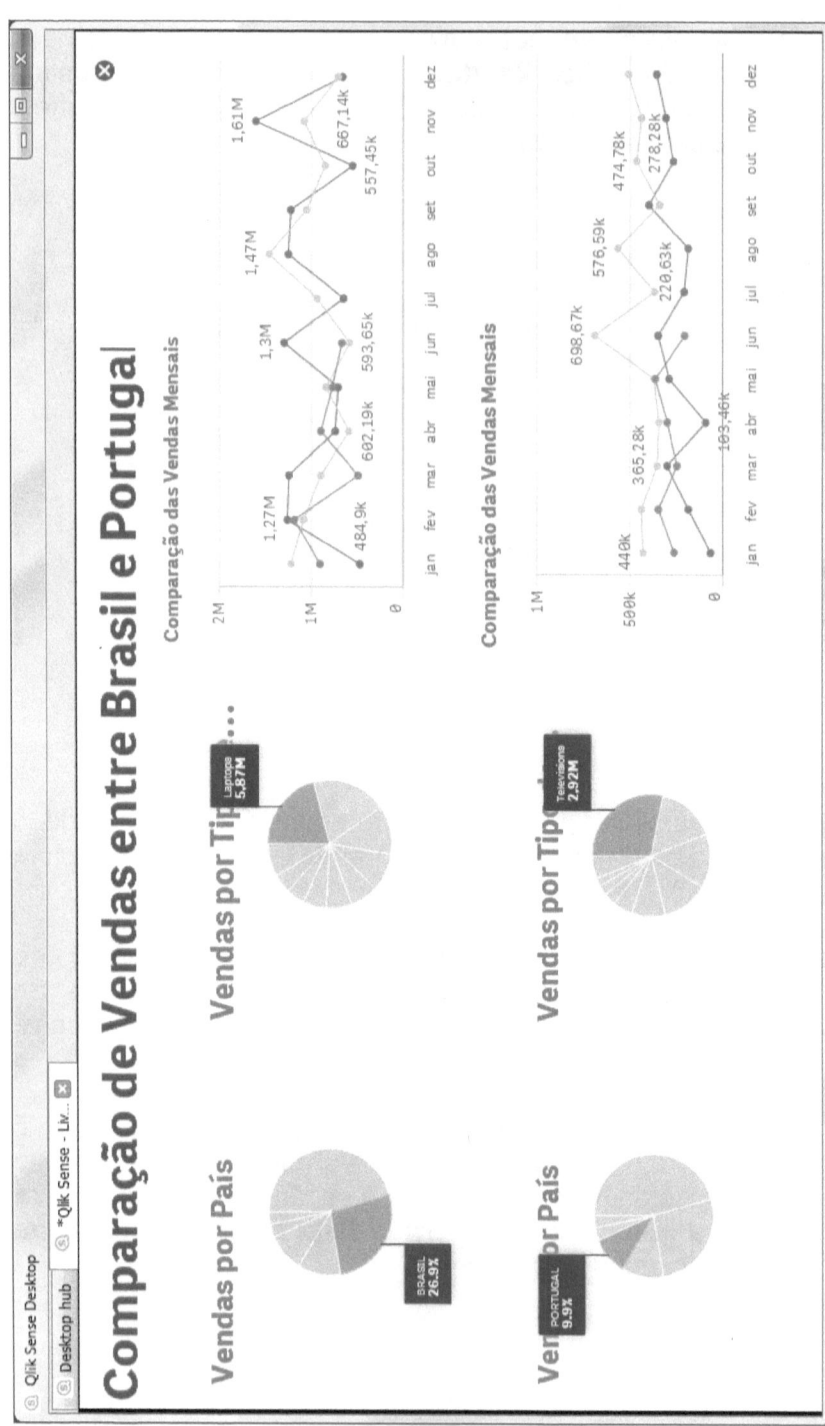

Figura 5.12

146

APÊNDICES

Apêndice I - Tipos de Dados

O Qlik Sense pode reconhecer, tratar e classificar dados de moedas, números, textos, datas, horas e datas/horas corretamente, além de exibir os dados em vários formatos diferentes.

Os dados de datas, horas e datas/horas podem ser incluídos ou subtraídos uns dos outros, isto quer dizer que estes dados podem ser calculados!

O Qlik Sense armazena os dados utilizando somente dois tipos de representação: como caractere e como número.

Como funcionam os dados de Data e Hora no Qlik Sense?

Os dados de data e hora que utilizamos em nossos aplicativos precisam ser armazenados no Qlik Sense de uma maneira que ele seja capaz de recuperar e calcular estes dados rapidamente.

Devido aos dados de data e hora serem formados por três diferentes tipos de informação (a data é dividida em dia, mês e ano e a hora é dividida em hora, minuto e segundo) criou-se um mecanismo simples e lógico de armazenamento e que ao mesmo tempo aumentou o nível de precisão nos cálculos com data e hora, possibilitando que as datas e as horas pudessem ser somadas, subtraídas, que intervalos de data pudessem ser comparados, etc.. Para este mecanismo deu-se o nome de "Número de Série".

O Número de Série de Datas quer dizer que toda data (dd/mm/aaaa) é armazenada pelo Qlik Sense como um número inteiro iniciado a partir do número 1, e que a contagem se inicia com o número 1 representando a data de 1 de janeiro de 1900 e que a cada dia é somado mais um valor a este número sequencial.

Já o Número de Série de Horas é um número entre 0 e 1. O número de série 0,00000 corresponde a 00:00:00 horas, enquanto 0,99999 corresponde a 23:59:59 horas.

Andrey, não entendi! Pode explicar de novo?

Claro que sim, vamos lá... O Número de Série de Datas diz que toda data possui um número inteiro correspondente. O primeiro número de série é o número 1 e que corresponde a data de 01/01/1900. Por exemplo, a data 26/07/2013 corresponderá ao número de série 41.481, pois está a 41.481 dias após o dia 1° de janeiro de 1900. Compare as informações na Tabela abaixo.

Tipo	Formato	Número de Série
Data	01/01/1900	1
Data	26/07/2013	41481

Tabela A.1

O Número de Série de Horas é um pouco mais simples, pois representa um valor entre 0 e 1. O número de série 0,00000 corresponde a 00:00:00 horas, enquanto 0,99999 corresponde a 23:59:59 horas. Veja na Tabela a seguir os dois exemplos.

Tipo	Formato	Número de Série
Hora	00:00:00	0,00000
Hora	23:59:59	0,99999

Tabela A.2

Na Tabela A.3 um exemplo de Número de Série com Data e Hora juntas.

Tipo	Formato	Número de Série
Data	26/07/2013	41481
Hora	10:15:25	0,42737
Data e Hora	26/07/2013 10:15:25	41481,42737

Tabela A.3

A seguir outros exemplos utilizando Número de Série.

Tipo	Formato	Número de Série
Data	27/03/1976	27846
Hora	09:00:00	0,37500
Data e Hora	27/03/1976 09:00:00	27846,37500

Tabela A.4

E abaixo o cálculo inverso, de Número de Série para Data e Hora.

Tipo	Número de Série	Formato
Data	27846	27/03/1976
Hora	0,37500	09:00:00
Data e Hora	27846,37500	27/03/1976 09:00:00

Tabela A.5

A utilização do Número de Série pelo Qlik Sense é idêntico ao Número de Série usado pelo Microsoft Excel para Windows, Lotus 1-2-3, etc..

Agora que entendeu como o Qlik Sense armazena os dados de Data e Hora você precisa saber que por padrão os dados serão exibidos em seu projeto de acordo com a Configuração Regional do seu computador.

Apêndice II - Variáveis de Interpretação Numérica

Quando um novo app do Qlik Sense é criado as variáveis de interpretação numérica são incluídas na parte superior do Script do novo aplicativo, ou seja, são geradas automaticamente de acordo com as configurações atuais do seu Sistema Operacional (Tela Configuração Regional do Windows).

Para abrir a tela do Editor de Script e visualizar as variáveis clique no botão **Navigation** e depois em **Data load editor**.

Quando alterar as Variáveis de Interpretação Numérica?

Vou utilizar um exemplo para facilitar a explicação: Você utiliza um computador pessoal para trabalhar e este computador possui uma determinada Configuração Regional, por exemplo, a configuração Brasileira. Em um determinado momento você participará de um projeto em um cliente Inglês onde os dados estão todos no formato inglês americano.

O cliente gostaria de visualizar as informações do projeto no formato Inglês ou Português? Se o cliente escolher o formato Português você não precisará alterar as suas variáveis no Qlik Sense, mas se o cliente quiser visualizar o projeto no formato inglês você precisará alterar.

A seguir as diferenças entre as configurações das principais variáveis de interpretação numérica em Português (Brasil), Espanhol (Espanha) e Inglês (Estados Unidos).

ThousandSep

O separador de milhar definido no **Data load editor** substitui o separador de milhar do Sistema Operacional (Configuração Regional).

Configurado para o Português:
SET ThousandSep = '.';

Configurado para o Espanhol:
SET ThousandSep = '.';

Configurado para o Inglês:
SET ThousandSep = ',';

DecimalSep

O separador decimal definido no **Data load editor** substitui o separador decimal do S.O.

Configurado para o Português:
SET DecimalSep = ',';

Configurado para o Espanhol:
SET DecimalSep = ',';

Configurado para o Inglês:
SET DecimalSep = '.';

MoneyThousandSep

O separador de milhar de moeda definido no **Data load editor** substitui o separador de milhar de moeda do S.O.

Configurado para o Português:
SET MoneyThousandSep = '.';

Configurado para o Espanhol:
SET MoneyThousandSep = '.';

Configurado para o Inglês:
SET MoneyThousandSep = ',';

MoneyDecimalSep

O separador decimal de moeda definido no **Data load editor** substitui o separador decimal de moeda do S.O.

Configurado para o Português:
SET MoneyDecimalSep = ',';

Configurado para o Espanhol:
SET MoneyDecimalSep = ',';

Configurado para o Inglês:
SET MoneyDecimalSep = '.';

MoneyFormat

O símbolo de moeda definido no **Data load editor** substitui o símbolo de moeda do S.O.

Configurado para o Português:
SET MoneyFormat = 'R$ #.##0,00;-R$ #.##0,00';

Configurado para o Espanhol:
SET MoneyFormat = '#.##0,00 €;-#.##0,00 €';

Configurado para o Inglês:
SET MoneyFormat = '$#,##0.00; ($#,##0.00)';

TimeFormat

O formato de hora definido no **Data load editor** substitui o formato de hora do S.O.

Configurado para o Português:
SET TimeFormat = 'hh:mm:ss';

Configurado para o Espanhol:
SET TimeFormat = 'h:mm:ss';

Configurado para o Inglês:
SET TimeFormat = 'h:mm:ss TT';

DateFormat

O formato de data definido no **Data load editor** substitui o formato de data do S.O.

Configurado para o Português:
SET DateFormat = 'DD/MM/YYYY';

Configurado para o Espanhol:
SET DateFormat = 'DD/MM/YYYY';

Configurado para o Inglês:
SET DateFormat = 'M/D/YY';

TimestampFormat

O formato de data/hora definido no **Data load editor** substitui o formato de data/hora do S.O.

Configurado para o Português:
SET TimestampFormat = 'DD/MM/ YYYY hh:mm:ss[.fff]';

Configurado para o Espanhol:
SET TimestampFormat = 'DD/MM/ YYYY h:mm:ss[.fff]';

Configurado para o Inglês:
SET TimestampFormat = 'M/D/YY h:mm:ss[.fff] TT';

MonthNames

O formato definido no **Data load editor** substitui a convenção de nomes de mês do S.O.

Configurado para o Português:
SET MonthNames = 'jan;fev;mar;abr;mai;jun;jul;ago;set;out; nov;dez';

Configurado para o Espanhol :
SET MonthNames = 'ene;feb;mar;abr;may;jun;jul;ago;sep;oct; nov;dic';

Configurado para o Inglês :
SET MonthNames = 'Jan;Feb;Mar;Apr;May;Jun;Jul;Aug;Sep;Oct; Nov; Dec';

DayNames

O formato definido no **Data load editor** substitui a convenção de nomes de dia de semana do S.O.
Configurado para o Português:
SET DayNames = 'seg;ter;qua;qui;sex;sáb;dom';

Configurado para o Espanhol:
SET DayNames = 'lun;mar;mié;jue;vie;sáb;dom';

Configurado para o Inglês:
SET DayNames = 'Mon;Tue;Wed;Thu;Fri;Sat;Sun';

LongMonthNames

O formato definido no **Data load editor** substitui a convenção de nomes longos (meses) do Sistema Operacional.

Configurado para o Português:
SET LongMonthNames='janeiro;fevereiro;março;abril;maio; junho;julho;agosto;setembro;outubro;novembro;dezembro';

Configurado para o Espanhol:
SET LongMonthNames='enero;febrero;marzo;abril;mayo;junio; julio;agosto;septiembre;octubre;noviembre;diciembre';

Configurado para o Inglês:
SET   LongMonthNames='January;February;March;April;May;
June;July;August;September;October;November;December';

LongDayNames

O formato definido no **Data load editor** substitui a convenção de nomes longos (dias) do Sistema Operacional.

Configurado para o Português:
SET   LongDayNames='segunda-feira;terça-feira;quarta-feira;
quinta-feira;sexta-feira;sábado;domingo';

Configurado para o Espanhol:
SET   LongDayNames='lunes;martes;miércoles;jueves;viernes;
sábado;domingo';

Configurado para o Inglês:
SET   LongDayNames='Monday;Tuesday;Wednesday;Thursday;
Friday;Saturday;Sunday';

FirstWeekDay

Por padrão o Qlik Sense usa a segunda-feira como o primeiro dia da semana.

SET FirstWeekDay=6;

A seguir os valores que podem ser usados:

- 0 = Segunda-feira
- 1 = Terça-feira
- 2 = quarta-feira
- 3 = Quinta-feira
- 4 = Sexta-feira
- 5 = Sábado
- 6 = Domingo

BrokenWeeks

Esta configuração define se as semanas são inteiras ou não.

SET BrokenWeeks=1;

Os valores podem ser:

- 0 = Semanas inteiras
- 1 = Semanas quebradas

ReferenceDay

ReferenceDay define qual o dia de Janeiro é a referência da semana 1.

SET ReferenceDay=0;

FirstMonthOfYear

Esta configuração define qual é o primeiro mês do ano.

SET FirstMonthOfYear=1;

ATENÇÃO: As variáveis de interpretação podem ser alteradas e/ou excluídas livremente dentro do aplicativo.

Apêndice III – Rodar um App Qlik Sense em um Navegador Web

Por padrão os apps rodam dentro do Qlik Sense Desktop, porém é possível executá-lo em um navegador Web (Web Browser).

Para rodar o app em um navegador Web faça o seguinte:

1. Abra o navegador.

2. Digite no navegador a URL **http://localhost:4848/hub** e depois pressione Enter.

3. A tela **Desktop hub** será aberta mostrando todos os aplicativos do Qlik Sense Desktop. Observe na Figura A.1 um app rodando dentro do Browser Google Chrome.

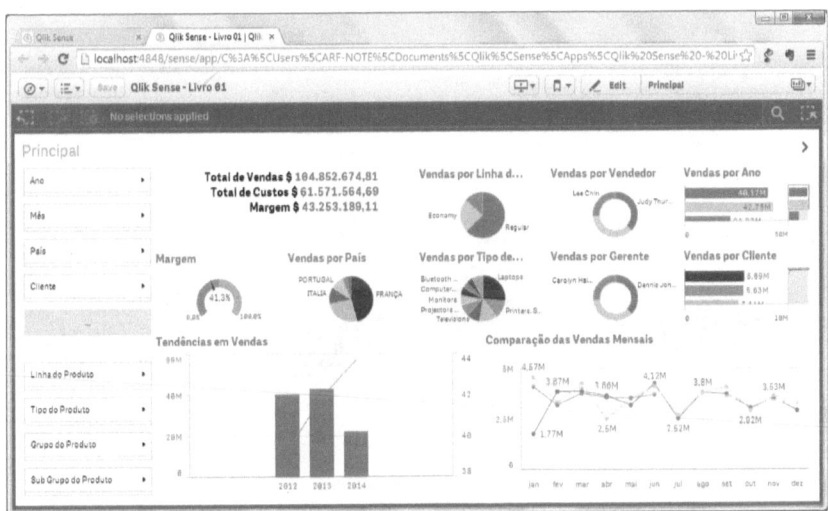

Figura A.1

Apêndice IV – Site Guia Técnico

http://www.guiatecnico.com.br

Referência em QlikView, Qlik Sense e Visualização de Dados.

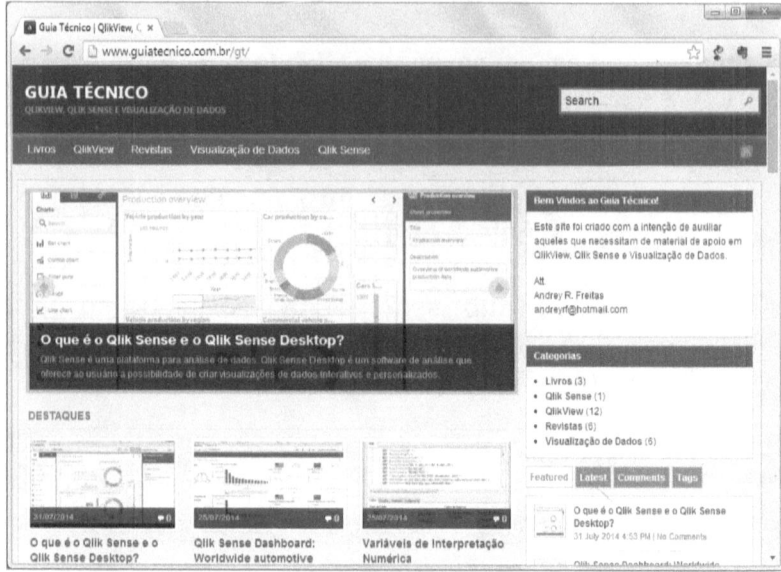

Figura A.2

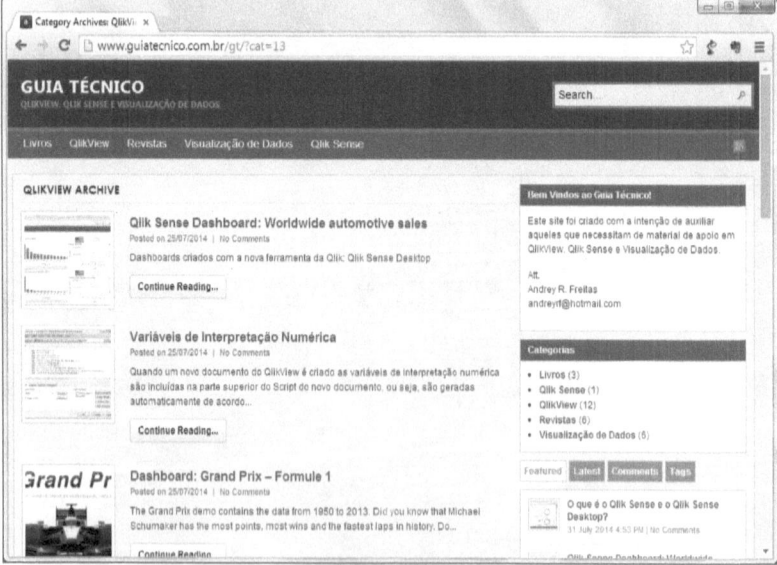

Figura A.3

Apêndice V - DataView Magazine

http://www.guiatecnico.com.br/gt/?p=352

A sua revista sobre QlikView, Qlik Sense e Visualização de Dados.

Figura A.4

www.ingramcontent.com/pod-product-compliance
Lightning Source LLC
Chambersburg PA
CBHW032024170526
45157CB00002B/840